《诗经》是中国古代诗歌的开端，最早的一部诗歌总集。搜集了公元前十一世纪至前六世纪的诗歌三百零五首，除此之外还有六篇有题目无内容，即有目无辞，称为『笙诗六篇』（南陔、白华、华黍、由康、崇伍、由仪），反映了西周初期到春秋中叶约五百年间的社会面貌。

《诗经》作者佚名，传为尹吉甫采集、孔子编订。最初只称为『诗』或『诗三百』，到西汉时，被尊为儒家经典，才称为《诗经》。《诗经》按《风》《雅》《颂》三类编辑。《风》是周代各地的歌谣；《雅》是周人的正声雅乐，又分《小雅》和《大雅》；《颂》是周王庭和贵族宗庙祭祀的乐歌，又分为《周颂》《鲁颂》和《商颂》。

孔子曾概括《诗经》宗旨为『无邪』，并教育弟子读《诗经》以作为立言、立行的标准。先秦诸子中，引用《诗经》者颇多，如孟子、荀子、墨子、庄子、韩非子等人在说理论证时，多引述《诗经》中的句子以增强说服力。后来，《诗经》被儒家奉为经典，成为《六经》及《五经》之一。

美了千年
却被淡忘

詩經名物圖解

[日] 细井徇 绘

中国画报出版社
CHINA PICTORIAL PRESS

藍一名

江南通志云 染青艸

農圃六書云 青秧

天工開物云 茶藍

物理小識云 蓼靛

藍

目录

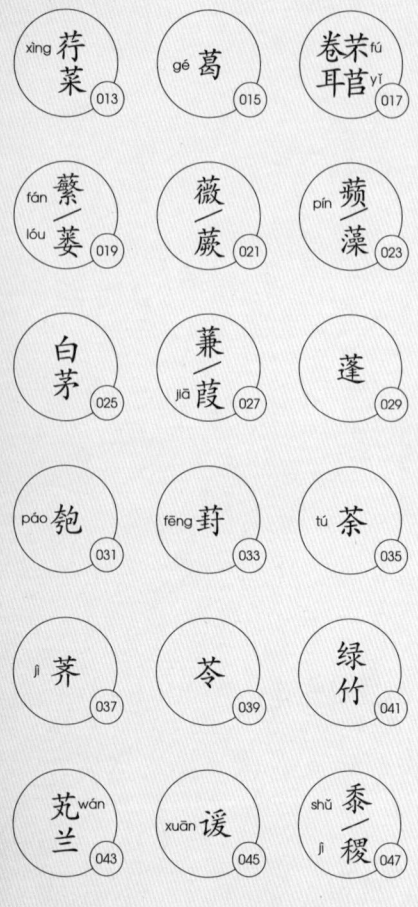

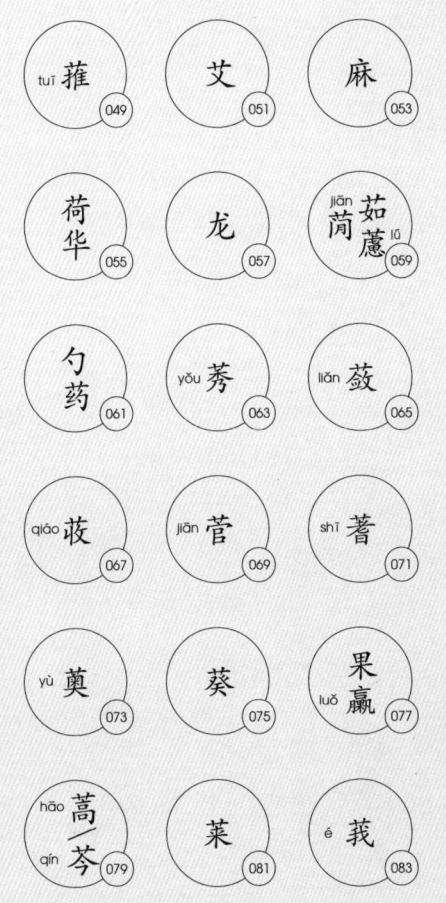

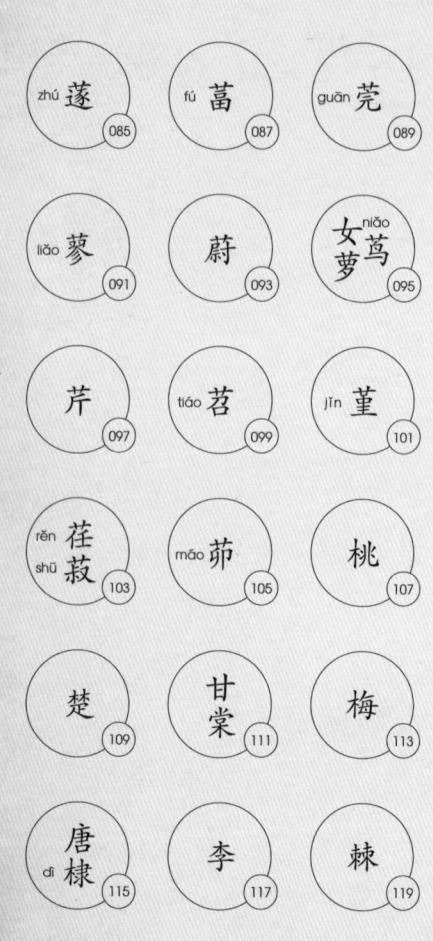

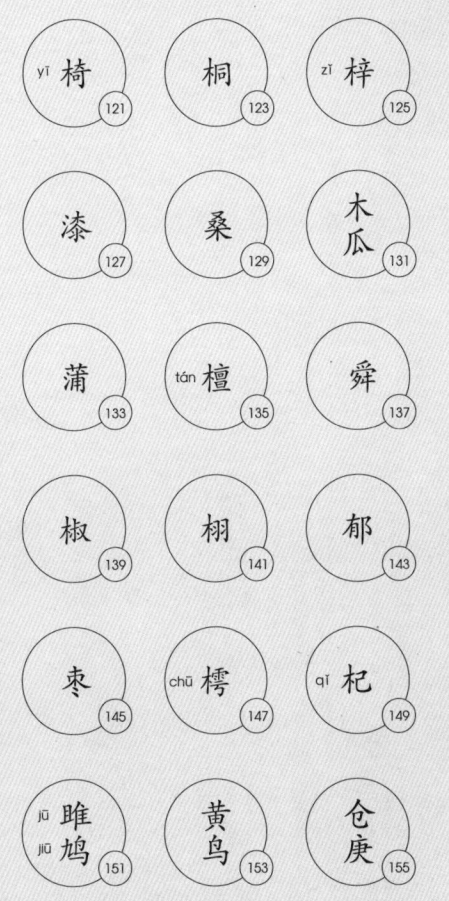

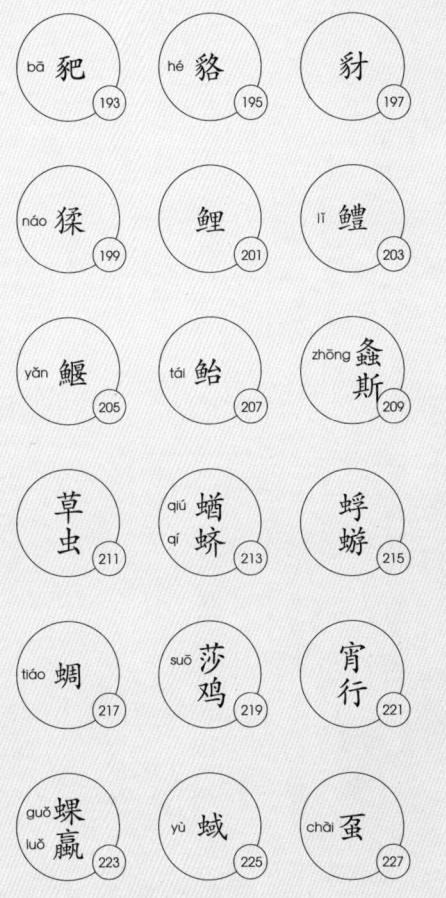

《周南·关雎》

关关雎鸠，在河之洲。窈窕淑女，君子好逑。
参差荇菜，左右流之。窈窕淑女，寤寐求之。
求之不得，寤寐思服。悠哉悠哉，辗转反侧。
参差荇菜，左右采之。窈窕淑女，琴瑟友之。
参差荇菜，左右芼之。窈窕淑女，钟鼓乐之。

《毛传》：『荇，接余也。』

《陆疏》：『白茎，叶紫赤色，正圆，径寸余，浮在水上。根在水底，与水深浅等，大如钗股，上青下白。』

《本草纲目》：『莕与莼，一类二种也。并根连水底，叶浮水上。其叶似马蹄而圆者，莼也；叶似莼而微尖长者，莕也。』

荇菜

荇菜

《诗经名物图解》/日本江户时代的儒学者细井徇撰绘/原本现藏于日本国立国会图书馆

荇菜，即莕菜，别名接余、水镜草、金丝荷叶等。生于城郊池沼或不怎么流动的河溪湖泊中，我国南北各省区均有分布。自古嫩茎叶作菜蔬食用，先秦时并供祭祀之用。全草入药，有发汗、透疹、清热、利尿的功效。还可用作绿肥、猪饲料、鱼饵料或直接作观赏植物。

《周南·葛覃》

葛之覃兮，施于中谷，维叶萋萋。
黄鸟于飞，集于灌木，其鸣喈喈。
葛之覃兮，施于中谷，维叶莫莫。
是刈是濩，为絺为綌，服之无斁。
言告师氏，言告言归。
薄污我私，薄浣我衣。
害浣害否，归宁父母。

《毛传》：『葛屦，服之贱者。』
《本草纲目》：『葛有野生，有家种。……其根外紫内白，长者七八尺。其叶有三尖，如枫叶而长，面青背淡。其花成穗，累累相缀，红紫色。其荚如小黄豆荚，亦有毛。其子绿色，扁扁如盐梅子核，生嚼腥气，八九月采之。』

葛

葛，别名鸡齐、黄葛藤、野藤等。多生于海拔一千七百米以下较温暖潮湿的丘陵、山地、林地、沟谷。葛覃是说葛藤之长，葛藤可用于编织篮筐等器具，用水泡煮之后所得茎皮纤维可用于织布、造纸、制绳等。块根可提取淀粉（称葛粉）或酿酒。嫩叶可作菜蔬食用。根、藤茎、叶、花、种子及葛粉均可入药。葛粉可用于解酒。葛亦可引种作为水土保持植物。

《周南·芣苢》

采采芣苢，薄言采之。
采采芣苢，薄言有之。
采采芣苢，薄言掇之。
采采芣苢，薄言捋之。
采采芣苢，薄言袺之。
采采芣苢，薄言襭之。

《本草纲目》：『春初生苗，叶布地如匙面，累年者长及尺余。中抽数茎，作长穗如鼠尾。花甚细密，青色微赤。结实如葶苈，赤黑色。』

《周南·卷耳》

采采卷耳，不盈顷筐。
嗟我怀人，寘彼周行。
陟彼崔嵬，我马虺隤。
我姑酌彼金罍，维以不永怀。

《集传》：『卷耳，枲耳。叶如鼠耳，丛生入盘。』

《本草纲目》：『其叶形如枲麻，又如茄，故有枲耳及野茄诸名。其味滑如葵，故名地葵，与地肤同名。诗人思夫赋卷耳之章，故名常思菜。』

芣苢 卷耳

芣苢，即车前，也称当道、牛舌草、车轮草、蛤蟆衣等。全体光滑或略有短毛。生于路边、沟旁或山野、荒地。嫩叶可作菜蔬食用，有些地区用作饲料。全草与种子皆可入药。

卷耳到底是哪种植物历来说法不一，古今各家多释为苍耳。别名常思菜、野茄、黏黏葵等。生于荒野、路旁、田埂、山坡、草地，为田间常见杂草。种子可榨油。茎和种子可入药。古人曾采其嫩苗食用；现该物种在中国植物图谱数据库中收录为有毒植物。

《召南·采蘩》

于以采蘩？于沼于沚。于以用之？公侯之事。
于以采蘩？于涧之中。于以用之？公侯之宫。
被之僮僮，夙夜在公。被之祁祁，薄言还归。

《周南·汉广》

翘翘错薪，言刈其蒌。之子于归，言秣其驹。
汉之广矣，不可泳思。江之永矣，不可方思。

《集传》：『蘩，白蒿也。所以生蚕，今人犹用之。盖蚕生未齐，未可食桑，故以此啖之也。』

《本草纲目》：『白蒿有水陆两种，《尔雅》通谓之蘩，以其易蘩衍也。曰：蘩，皤蒿。即今陆生艾蒿也，辛熏不美。曰：蘩，由胡。即今水生蒌蒿也，辛香而美。』

《毛传》：『蒌，草中之翘翘然。』

《陆疏》：『蒌，蒌蒿也。其叶似艾，白色，长数寸。高丈余，好生水边及泽中，正月根芽生，旁茎，正白。生食之，香而脆美，其叶又可蒸为茹。』

蒌 蘩

《尔雅》解释蘩为皤蒿和由胡，为两种植物；毛、朱通训为白蒿。蒿类众多，从外形上难以区分，通呼为蒿。据中国植物物种数据库统计，生境符合诗句『沼』『沚』『涧』等水生环境、植株有香气、嫩茎叶可作菜蔬食用者，仅有蒌蒿一种。

蒌，即蒌蒿，别名白蒿（水生者）、水蒿、红艾等。生于低海拔的河湖岸边或湿润的山坡等处，在同属植物中，唯有蒌可立于水中生长。全草入药，可补中益气，除风寒湿痹。嫩茎叶及地下根状茎可入菜蔬食用，可作度荒食物，还可以用作祭品。叶尖可制为蒿茶。

《召南·草虫》

陟彼南山，言采其蕨。
未见君子，忧心惙惙。
亦既见止，亦既觏止，我心则说。
陟彼南山，言采其薇。
未见君子，我心伤悲。
亦既见止，亦既觏止，我心则夷。

《毛传》：『薇，菜也。』

《本草纲目》：『薇生麦田中，原泽亦有，故《诗》云：山有蕨薇，非水草也。即今野豌豆，蜀人谓之巢菜。蔓生，茎叶气味皆似豌豆，其藿作蔬、入羹皆宜。』

《本草纲目》：『蕨处处山中有之。二三月生芽，拳曲状如小儿拳，长则展开如凤尾，高三四尺。其茎嫩时采取，以灰汤煮去涎滑，晒干作蔬，味甘滑，亦可醋食。其根紫色，皮内有白粉，捣烂再三洗澄取粉，作粔籹，荡皮作线食之，色淡紫而甚滑美也。』

蕨 薇

薇，今释为救荒野豌豆，生于山坡、路旁、灌丛、草地及荒野等，亦为农田杂草。嫩茎叶可作菜蔬食用，全草可入药，有清热利湿、和血祛瘀的功效。茎叶可作饲料。

蕨，别名如意菜、狼萁、猫爪子、龙头菜等，生于海拔八百米以下的山坡、荒地、林缘、草地的向阳处。根状茎可提取淀粉，可食用或作酿酒原料。全株可入药，有清热利湿、降气安神的功效。古时充作饥年救荒食物。现该物种在中国植物图谱数据库中收录为有毒植物。

《召南·采蘋》

于以采蘋？南涧之滨。
于以采藻？于彼行潦。
于以盛之？维筐及筥。
于以湘之？维锜及釜。
于以奠之？宗室牖下。
谁其尸之？有齐季女。

《本草纲目》：『蘋，乃四叶菜也。叶浮水面，根连水底。其茎细于莼、莕。其叶大如指顶，面青背紫，有细纹，颇似马蹄决明之叶，四叶合成，中折十字，故俗呼为四叶菜、田字草、破铜钱，皆象形也。』

《毛传》：『藻，聚藻也。』

《本草纲目》：『藻乃水草之有文者，洁净如澡浴，故谓之藻。藻有二种，水中甚多。水藻，叶长二三寸，两两对生，即马藻也；聚藻，叶细如丝及鱼鳃状，节节连生，即水蕴也，俗名鳃草，又名牛尾蕴，是矣。』

蘋 藻

蘋，别名四叶菜、田字草、水羚羊等。生于静止浅水中，常见于池塘或沼泽，亦为稻田害草。嫩时可作菜蔬食用。全草可作猪饲料。全草入药，有清热解毒、利水、止血的功效，也可外敷治蛇咬、疔疮。

藻，即聚藻。别名金鱼藻等。生于池塘、河沟、沼泽，我国南北各地均有。全草入药，有清凉解毒的功效，可以止痢。四季可采，可作猪、鱼、鸭等畜禽饲料。

《小雅·白华》

白华菅兮，白茅束兮。
之子之远，俾我独兮。
英英白云，露彼菅茅。
天步艰难，之子不犹。

《毛传》：『白茅，取絜清也。』

《本草纲目》：『处处有之。春生芽，布地如针，俗谓之茅针，亦可啖，甚益小儿。……茅有白茅、菅茅、黄茅、香茅、芭茅数种，叶皆相似。白茅短小，三四月开白花成穗，结细实。其根甚长，白软如筋而有节，味甘，俗呼丝茅，可以苫盖，及供祭祀苞苴之用。』

白茅

白茅，别名茅针、茅根、甜草等，生于平原、低山地带的山坡草地、河岸水滨等向阳处。初生茎芽幼嫩时称『茅针』，可生食；又称『荑』，常用于形容女子手之白嫩柔美。根茎可入药，有凉血止血的功效。叶子可用于造纸、编制蓑衣及苫盖屋顶。先秦时期，白茅可用于祭祀时缩酒；也有男子送给女子白茅包裹的猎物，以表达倾慕之意。

《秦风·蒹葭》

蒹葭苍苍，白露为霜。所谓伊人，在水一方。
溯洄从之，道阻且长。溯游从之，宛在水中央。
蒹葭凄凄，白露未晞。所谓伊人，在水之湄。
溯洄从之，道阻且跻。溯游从之，宛在水中坻。
蒹葭采采，白露未已。所谓伊人，在水之涘。
溯洄从之，道阻且右。溯游从之，宛在水中沚。

《毛传》：『蒹，薕；葭，芦也。』
《传疏》：『蒹葭，即萑苇之未秀者。』

《毛传》：『葭，芦也。』

《本草纲目》：『按毛苌《诗疏》云：苇之初生曰葭，未莠曰芦，长成曰苇。苇者，伟大也。芦者，色卢黑也。葭者，嘉美也。』

蒹 葭

蒹、萑、荻、菼是同一种植物，即荻。菼为荻之初生者；蒹为荻之尚未秀穗者；萑为荻至秋坚成熟者。荻，别名红毛公、芒草等。形状像芦苇，生于山坡草地、水边湿地。嫩芽可作蔬食，或作牛饲料。茎可编织席箔；秆可作柴薪，或用于苫屋、造纸等。可植作防沙固堤植物。

葭，是初生尚未秀穗的芦苇。生于浅水或低湿潮润处，如沼泽、河滩、池塘等多水地带。嫩芽可食用，嫩叶可作饲料。根状茎可制糖或酿酒。叶、花、茎、根、芦笋均可入药。茎干可用于制浆造纸或人造棉原料，也可编为芦席等。花序可作扫帚，芦花可填枕芯。

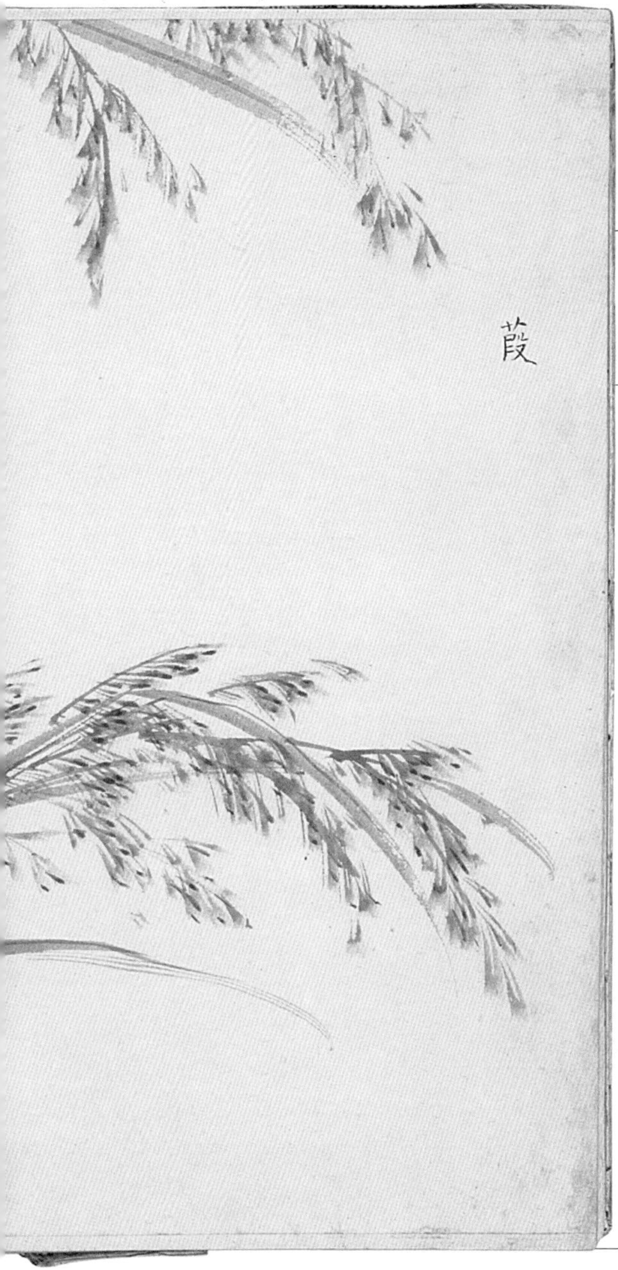

《卫风·伯兮》

自伯之东，
首如飞蓬。
岂无膏沐？
谁适为容？

《毛传》：『蓬，草名也。』
《传疏》：『蓬春生，至秋则老而为飞蓬，《卫风》所谓「首如飞蓬」是也。』
《品物图考》：『蓬生水泽，叶如瞿麦，花如初绽野菊，后作絮如飞，所谓飞蓬也。』
《集传》：『蓬，草名，其华似柳絮，聚而飞，如乱发也。』

蓬

蓬，即飞蓬，别名蓬草。生于山坡、草地、牧场或林缘，野外常见植物。茎、叶可提炼芳香油，花可入药，有发汗解表的功效。由于蓬花枯萎之后，其根便断开，分裂成若干分支，随风飞舞，所以得名『飞蓬』。传说我国车轮的发明最早是受飞蓬的启发，『见飞蓬转而知为车』，继而制成装有轮子的车。

《大雅·公刘》

笃公刘，于京斯依。
跄跄济济，俾筵俾几。
既登乃依，乃造其曹。
执豕于牢，酌之用匏。
食之饮之，君之宗之。

《毛传》：『匏，谓之瓠，瓠叶苦，不可食也。』

《陆疏》：『匏叶少时可为羹，又可淹煮，极美。……八月中坚强不可食，故云苦叶。』

《本草纲目》：『瓠壶有原种是甘，忽变为苦者。俗谓以鸡粪壅之，或牛马踏践则变为苦。』

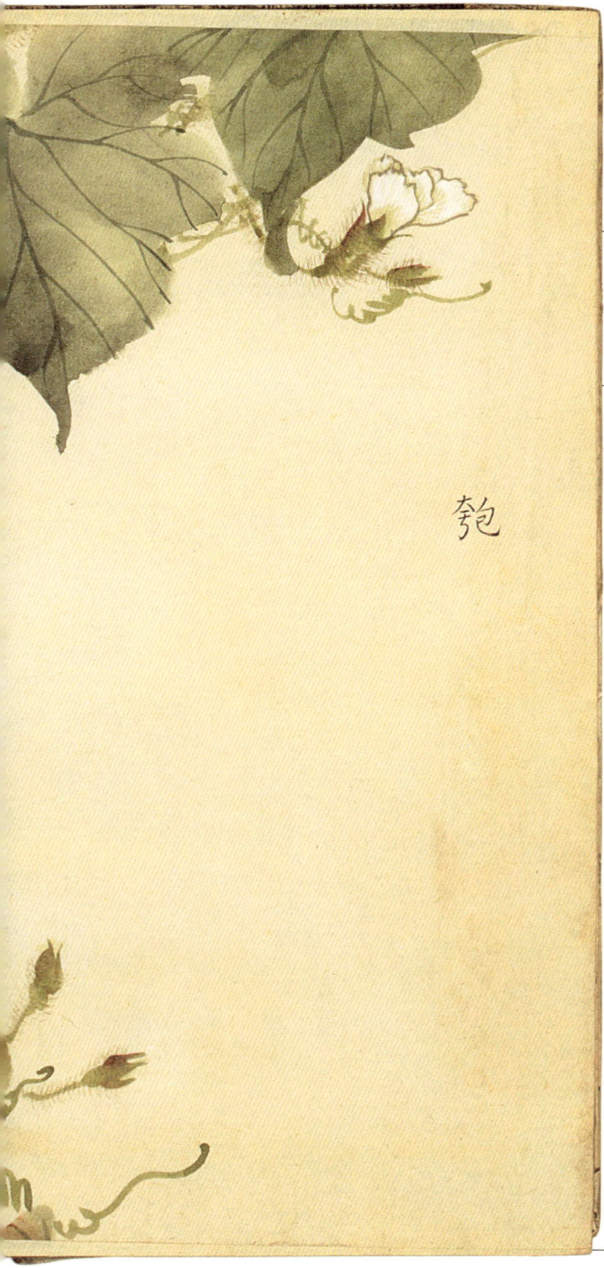

匏

古时匏、瓠、壶三名同物，通指葫芦。后世依果实形状对三者进行区别，『无柄而圆大形扁者为匏』。别名腰舟、葫芦瓜等，我国大部分地区均有栽培。果实和叶嫩时可作菜蔬食用。果实成熟后中空，外壳坚硬、木质化，经煮晒处理，可用于制作酒器等多种生活用具及玩具、小工艺品等。古人把匏系在腰背上用以渡水，称为『腰舟』。

《邶风·谷风》

习习谷风，以阴以雨。
黾勉同心，不宜有怒。
采葑采菲，无以下体？
德音莫违，『及尔同死』。

《毛传》：『葑，须也。』

《郑笺》：『此二菜者，蔓菁与葍之类也，皆上下可食，然而其根有美时，有恶时，采之者不可以根恶时并弃其叶。』

《嘉话录》云：『诸葛亮所止，令兵士独种蔓菁者，取其才出甲，可生啖，一也；叶舒可煮食，二也；久居则随以滋长，三也；弃不令惜，四也；回则易寻而采，五也；冬有根可食，六也。比诸蔬其利甚博。至今蜀人呼为诸葛菜，江陵亦然。』

葑

葑，即芜菁。别名须、蔓菁、诸葛菜、圆菜头、圆根、盘菜等。喜生冷凉地，中国各地均有栽培。自古即为食用蔬菜，肥大的肉质块根柔嫩、致密，甜而不辛，可鲜食、煮炒或腌渍；高寒山区用以代粮；茎叶可作饲料。块根、叶、花和种子可入药，可以开胃下气、利湿解毒。

《邶风·谷风》

行道迟迟，中心有违。
不远伊迩，薄送我畿。
谁谓荼苦，其甘如荠。
宴尔新昏，如兄如弟。

《集传》：『荼，苦菜也。味苦气辛，能杀物，故谓之荼毒也。』
《正义》：『荼，苦叶；毒者，螫虫。荼毒皆恶物，故比恶行。』
《本草纲目》：『苦菜即苦荬也，家栽者呼为苦苣，实一物也。春初生苗，有赤茎、白茎二种。其茎中空而脆，折之有白汁出。』

荼

《诗经名物图解》/日本江户时代的儒学者细井徇撰绘/原本现藏于日本国立国会图书馆

荼，即苦苣菜，又名苦菜等，全草有白乳汁。生于山坡、谷地、田郊、荒野、路边等处，常群聚成片生长，我国所有省区几乎都有分布。嫩茎叶可作青绿饲料，为幼鹅、猪所喜食。也可沤制绿肥。还能栽培作蔬菜食用，茎叶有降血压作用，但稍有苦味。全草入药，有清热、凉血、解毒的功效。

《邶风·谷风》

行道迟迟，中心有违。
不远伊迩，薄送我畿。
谁谓荼苦，其甘如荠。
宴尔新昏，如兄如弟。

《集传》：『荠，甘菜。』

《本草纲目》：『荠生济泽，故谓之荠。释家取其茎作挑灯杖，可辟蚊蛾，谓之护生草，云能护众生也。』

《食荠十韵》：『惟荠天所赐，青青被陵冈。珍美屏盐酪，耿介凌雪霜。』

《与徐十二书》：『今日食荠极美……虽不甘于五味，而有味外之美。』

荠

荠，即荠菜。一种常见野菜，生长在山坡、田边及路旁，偶有栽培。全草、花序、种子可入药，其中带根全草有和脾、利水、明目、止血的功效；荠菜花可治痢疾；荠菜子能祛风、去翳、明目。嫩茎叶作蔬菜食用。种子含油，供制油漆及肥皂用。为田间常见杂草，可危害小麦、水稻、棉花等农作物。

苓

《唐风·采苓》

采苓采苓,首阳之巅。
人之为言,苟亦无信。
舍旃舍旃,苟亦无然。
人之为言,胡得焉?

《邶风·简兮》:『山有榛,隰有苓。』
《毛传》:『苓,大苦。』
《集传》:『苓,一名大苦,叶似地黄,即今甘草也。』
《梦溪笔谈》:『此乃黄药也,其味极苦,故谓之大苦也,非甘草也。』
《名实图考》:『晋俗摘其嫩芽,溲面蒸食,其味如饴。』

苓

历代注家对苓的解释很多，古注有甘草、黄药之说，当今学者又有卷耳、虎杖、莲等多种意见。沈括及医药学家苏颂、李时珍等皆认为应该是黄药。苓的适应性较强，生于山谷、沟边、路旁或林缘。块茎可提制淀粉，入药称『黄独子』，有清热解毒、凉血止血的功效。珠芽（黄独零余子）亦供药用，可清热化痰、散结解毒。

《卫风·淇奥》

瞻彼淇奥，绿竹猗猗。
有匪君子，如切如磋，如琢如磨。
瑟兮僩兮，赫兮咺兮。有匪君子，终不可谖兮。

《小雅·斯干》：『如竹苞矣，如松茂矣。』

《磨忠记》：『祝寿享，愿竹苞松茂，日月悠长。』

《竹石》：『咬定青山不放松，立根原在破岩中。千磨万击还坚劲，任尔东西南北风。』

《庭竹》：『露涤铅粉节，风摇青玉枝。依依似君子，无地不相宜。』

绿竹

绿竹，《毛传》注『绿，王刍也；竹，萹竹也』，将『绿竹』分释为两种植物。《集传》认为『绿』是指竹的颜色，水边多生竹，『绿竹』应为竹类。竹生于低山坡上，竹竿可供建筑或制造扁担、钓竿等。竹篾可编席、篓等器物。笋可供食用。还可作观赏竹。

《卫风·芄兰》

芄兰之支，童子佩觿。
虽则佩觿，能不我知。
容兮遂兮，垂带悸兮。
芄兰之叶，童子佩韘。
虽则佩韘，能不我甲。
容兮遂兮，垂带悸兮。

《集传》：『芄兰，草。一名萝藦，蔓生，断之有白汁，可啖。』

《本草纲目》：『三月生苗，蔓延篱垣，极易繁衍。其根白软。其叶长而后大前尖。根与茎叶，断之皆有白乳如构汁。六七月开小长花，如铃状，紫白色。结实长二三寸，大如马兜铃，一头尖。其壳青软，中有白绒及浆。』

芄兰

芄蘭

芄兰，即萝藦，生于山坡、田野、河边及路旁。我国大部分地区都有分布。全草及块根、果实入药，茎叶治小儿疳积；根可治跌打损伤、蛇咬；果实可治劳伤；种子绒毛可止血。茎皮纤维坚韧，可造人造棉；藤状茎可作绳索。果荚嫩时可食。本物种为中国植物图谱数据库收录的有毒植物，根、茎有毒。

《卫风·伯兮》

焉得谖草？言树之背。
愿言思伯，使我心痗。

《毛传》：『谖草令人忘忧。』

《集传》：『谖草、合欢，食之令人忘忧者。』

《董子》：『欲忘人之忧，则赠之丹棘（萱草），一名忘忧故也。其苗烹食，气味如葱，而鹿食九种解毒之草，萱乃其一，故又名鹿葱。』

《风土记》：『怀妊妇人佩其花，则生男。故名宜男。』

谖

谖草，又作萱草，生于山坡、谷地、湿润草地或阴湿林下，现全国各地广泛栽培。萱草花色明艳，为观赏植物；古人认为观赏萱草可排遣忧思。花蕾可作蔬菜，称『金针菜』『黄花菜』，为著名的干菜食品。全草和根可入药，其嫩叶有宽胸消食、利湿热的功效，根可清热利尿、凉血止血。

《王风·黍离》

彼黍离离，彼稷之苗。
行迈靡靡，中心摇摇。
知我者，谓我心忧；
不知我者，谓我何求。
悠悠苍天，此何人哉？

《集传》：『黍，谷名。苗似芦，高丈余，穗黑色，实圆重。』

《九谷考》：『黍，今之黄米；稷，今之高粱。』

《通释》：『稷以春种，黍以夏种。而《诗》言黍离离、稷尚苗者，稷种在黍先，而秀在黍后故也。』

《本草纲目》：『黍，荆、郢州及江北皆种之。其苗如芦而异于粟，粒亦大。今人多呼秫粟为黍，非矣。北人作黍饭，方药酿黍米酒，皆用秫黍也。』

黍稷

历代注家对于黍、稷、粟、黍稷的物种确定一直众说纷纭。一种主流意见认为：黍与稷为同种类作物的两个品种，黏者为黍，不黏者为稷。《中国植物志》将其模式种确定为稷，黍、糜为其别名。古人曾以黍裹粽，称为『角黍』，传说即为粽子的起源。或用于酿造黄酒，也可入药。花茎可作笤帚；秸秆可作饲料。

《王风·中谷有蓷》

中谷有蓷，暵其干矣。
有女仳离，嘅其叹矣。
嘅其叹矣，遇人之艰难矣！

《尔雅》：『今茺蔚也，叶似荏，方茎，白华，华生节间，又名益母。』

《本草纲目》：『茺蔚近湿处甚繁。春初生苗如嫩蒿，入夏长三四尺，茎方如黄麻茎。其叶如艾叶而背青，一梗三叶，叶有尖歧。寸许一节，节节生穗，丛簇抱茎……其草生时有臭气，夏至后即枯，其根白色。』

蓷

蓷，即益母草，又名茺蔚、九节草等。生于山野荒地、田埂路旁、山坡草地等。全国大部分地区均有分布。全草及花、果实入药。益母草具有活血祛瘀、调经消水的功效，为妇科要药；果实（茺蔚子）可清肝、明目、降血压。古代妇女也以益母草养颜美容、抗衰防老。

《王风·采葛》

彼采葛兮，一日不见，如三月兮！
彼采萧兮，一日不见，如三秋兮！
彼采艾兮，一日不见，如三岁兮！

《毛传》：『艾，所以疗疾。』
《集传》：『萧属。干之可灸。』
《本草纲目》：『艾可乂疾，久而弥善，故字从乂。……医家用灸百病，故曰灸草。一灼谓之一壮，以壮人为法也。二月宿根生苗成丛，其茎直生，白色，高四五尺。其叶四布，状如蒿，分为五尖……皆以五月五日连茎刈取，曝干收叶。』

艾

艾

《诗经名物图解》／日本江户时代的儒学者细井徇撰绘／原本现藏于日本国立国会图书馆

艾，别名艾蒿、灸草、医草等。嫩芽、幼叶可作菜蔬食用。茎叶含芳香油，制为艾绳，点燃熏烟可驱蚊蝇蛇虫，又可作烛心。全草入药，古时视为止血要药和妇科良药。五至六月割取地上部分艾叶晒干捣碎得『艾绒』，是制作印泥的原料，制成艾条供中医灸法治疗用。民间还有在端午节期间悬挂或佩戴艾草以禳毒避邪的习俗。

《陈风·东门之池》

东门之池，可以沤麻。
彼美淑姬，可与晤歌。
东门之池，可以沤纻。
彼美淑姬，可与晤语。
东门之池，可以纻菅。
彼美淑姬，可与晤言。

《集传》：『麻，谷名。子可食，皮可绩为布者。』

《梦溪笔谈》：『中国之麻，今谓之大麻是也。有实为苴麻，无实为枲麻，又曰麻牡。张骞始自大宛得油麻之种，亦谓之麻，故以胡麻别之，谓汉麻为大麻也。』

《本草纲目》：『雄者名麻枲、牡麻，雌者名苴麻、苧麻。』

麻

麻，即大麻，我国自古种植的纤维植物之一。茎皮纤维长而坚韧，可用于纺织麻布、帆布，或制绳索、渔网和造纸；种子可榨油，用于制造油漆、涂料；油粕可作饲料。种仁（麻子）可食，古时曾经充任食粮，一度被列为五谷之一；也可入药，称大麻仁，有润燥滑肠、通淋活血的功效。

《郑风·山有扶苏》

山有扶苏，隰有荷华。
不见子都，乃见狂且！

《毛传》：『荷华，扶渠也，其华菡萏。』

《郑笺》：『芙蕖之茎曰荷，生而佼大。』

《本草纲目》：『其根藕，其实莲，其茎叶荷。长者至丈余，五六月嫩时，没水取之，可作蔬茹，俗呼藕丝菜。节生二茎：一为藕荷，其叶贴水，其下旁行生藕也；一为芰荷，其叶出水，其旁茎生花也。』

荷华

《诗经名物图解》/日本江户时代的儒学者细井徇撰绘/原本现藏于日本国立国会图书馆

荷华，又名荷花、莲花、水芙蓉、芙蕖等。荷华全身是宝，各部分皆可入药，藕节可止血止泻，荷叶能解热、解痉，莲须可固肾涩精，莲芯能清心泻火，可冲泡作茶饮，莲子有补脾止泻、养心益肾的功效。莲藕可作菜蔬食用，还可提取淀粉，加工为蜜饯。莲子可作汤羹或粥食。荷花花瓣、嫩叶可作时蔬食用。

《郑风·山有扶苏》

山有乔松，隰有游龙。
不见子充，乃见狡童。

《集传》：『龙，红草也。一名马蓼，叶大而色白，生水泽中，高丈余。』

《郑笺》：『游龙，犹放纵也。……红草放纵枝叶于隰中。』

《本草纲目》：『此蓼甚大而花亦繁红，故曰荭，曰鸿。鸿亦大也。……其茎粗如拇指，有毛。其叶大如商陆。花色浅红，成穗。深秋子成，扁如酸枣仁而小，其色赤黑而肉白，不甚辛，炊炒可食。』

龙

龙，即红蓼，别名水荭、荭草、游龙等。一年生高大草本植物，高一至三米，全株密布粗长柔毛。生于水边、湿地及林缘、路旁，全国各地几乎都有分布。多栽培作观赏植物，可作为构建花境、水景的景观植物，也可作切花材料。全草及花序、果实可入药，有清热化痰、活血解毒和明目等功效。

《郑风·出其东门》

出其闉阇，有女如荼。
虽则如荼，匪我思且。
缟衣茹藘，聊可与娱。

《陈风·泽陂》

彼泽之陂，有蒲与蕑。
有美一人，硕大且卷。
寤寐无为，中心悁悁。

《毛传》：『茹藘，茅蒐也。』
《品物图考》：『茜，一作蒨，方茎，蔓生，叶似枣，每节四五叶对生，至秋开花，结实如小椒。』
《集传》：『茹藘，可以染绛，故以名衣服之色。』

《毛传》：『蕑，兰也。』
《本草纲目》：『兰乃香草，能辟不祥。……其叶似菊，女子、小儿喜佩之，则女兰、孩菊之名，又或以此也。』

茹藘

茹藘，即茜草，常生于山坡、原野、沟沿、灌丛及道旁、村落。根和茎叶可以入药，有凉血止血、活血化瘀的功效。根含茜红素等色素，为天然的植物染料，自古用作红色染色剂。

蕳

蕳，即佩兰。生于灌丛、湿地或路旁、村边。全草入药，可解暑祛湿、利水道、辟秽浊。自古为著名香草植物，可随身佩戴以避秽气，或置于衣柜、书橱之中，以驱避蛀虫。

《郑风·溱洧》

洧之外，洵訏且乐。
维士与女，伊其相谑，
赠之以勺药。

《集传》：『勺药，亦香草也。三月开华，芳色可爱。郑国之俗，三月上巳之辰，采兰水上，以祓除不祥。……于是士女相与戏谑，且以勺药相赠，而结恩情之厚也。』

《本草纲目》：『夏初开花，有红白紫数种，结子似牡丹子而小。秋时采根。』

勺药

勺药，同『芍药』，别名将离、离草等，生于山坡、草地或林下，根可入药，有镇痛止痉、祛瘀通经、养血柔肝等功效。种子可榨油，供制肥皂、涂料用。根和叶可提制栲胶，也可用作土农药杀虫。芍药花大且美，品种丰富，自古以来为重要的观赏花卉，常在园林中成片栽植。也可插瓶或作花篮。

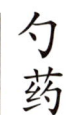

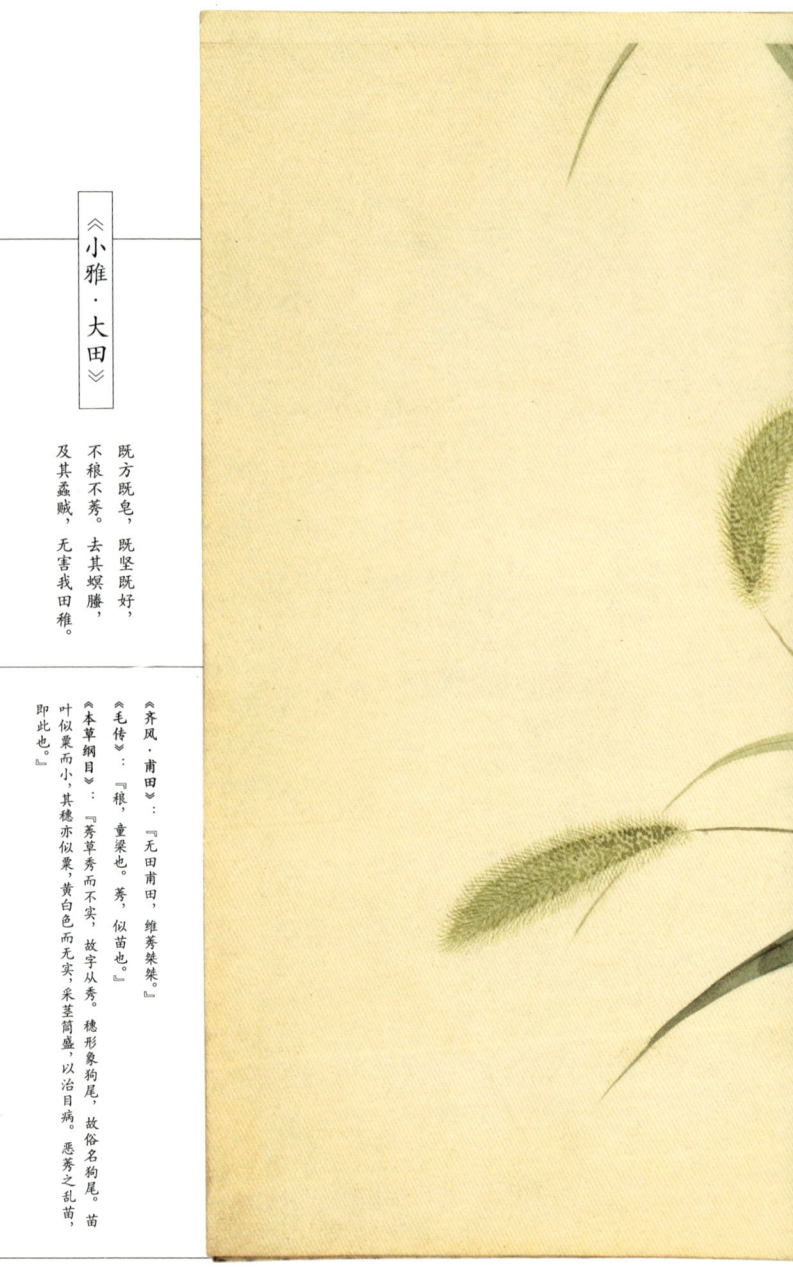

《小雅·大田》

既方既皂，既坚既好，
不稂不莠。去其螟螣，
及其蟊贼，无害我田稚。

《齐风·甫田》：『无田甫田，维莠桀桀。』
《毛传》：『稂，童梁也。莠，似苗也。』
《本草纲目》：『莠草秀而不实，故字从秀。穗形象狗尾，故俗名狗尾。苗叶似粟而小，其穗亦似粟，黄白色而无实，采茎筒盛，以治目病。恶莠之乱苗，即此也。』

莠

莠，即狗尾草，耐干旱、贫瘠、盐碱，生存力极强。生于荒野、路边、田园，全国各地均有分布。茎叶柔软，可作饲料，是优良牧草。全草及种子可入药，有祛风明目、清热利尿的功效，可治目赤等症。莠是田间常见杂草，可危害麦类、谷子、玉米、棉花、果树等旱作物。

《唐风·葛生》

葛生蒙楚，蔹蔓于野。
予美亡此，谁与？独处。
葛生蒙棘，蔹蔓于域。
予美亡此，谁与？独息。

《陆疏》：『蔹似栝楼，叶盛而细，其子正黑如燕薁，不可食也，幽州人谓之乌服。』

《本草纲目》：『五叶如白蔹，故曰乌蔹，俗名五爪龙。江东呼龙尾，亦曰虎葛。曰龙、曰葛，并取蔓形。……结实大如龙葵子，生青熟紫，内有细子。其根白色，大者如指，长一二尺，捣之多涎滑。』

蔹

蔹，即乌蔹莓，别名龙尾、过山龙、五爪金龙、五月五等。多年生蔓生草本植物，生于旷野、山谷、林下及路旁、墙头等处。全草与根入药，有凉血解毒、消肿散瘀的功效，用于治疗各种疖肿、痈疽、丹毒及痢疾、尿血、风湿痛、跌打损伤等症。

《陈风·东门之枌》

穀旦于逝，越以鬷迈。
视尔如荍，贻我握椒。

《毛传》：『荍，芘芣也。』

《陆疏》：『一名芘芣，一名荆葵，似芜菁，华紫绿色，可食，微苦。』

《本草纲目》：『蜀葵处处人家植之。春初种子，冬月宿根亦自生苗，嫩时亦可茹食。叶似葵菜而大，亦似丝瓜叶，有歧叉。过小满后长茎，高五六尺。花似木槿而大……一种小者名锦葵，即荆葵也。《尔雅》谓之荍。其花大如五铢钱，粉红色，有紫缕文。』

荍

荍，即锦葵，别名荍芣、荆葵、棋盘花、冬苋菜等。性喜阳光，抗寒耐旱，我国南北各地均有分布。锦葵花具纹彩，常植作庭园观赏花木，或用作花坛、花径背景材料。嫩叶古时曾入菜蔬食用，微带苦味。花、叶可入药。

《小雅·白华》

白华菅兮，白茅束兮。
之子之远，俾我独兮。
英英白云，露彼菅茅。
天步艰难，之子不犹。

《正义》引《陆疏》：『菅，似茅而滑泽无毛，根下五寸中有白粉者，柔韧宜为索，沤乃尤善矣。』
《品物图考》：『夏花者为茅，秋花者为菅，其别犹蒹之与萑也。』
《毛传》：『白华，野菅也。已沤为菅。』
《郑笺》：『白华于野，已沤名之为菅，菅柔忍中用矣，而更取白茅收束之，茅比于白华为脆。』

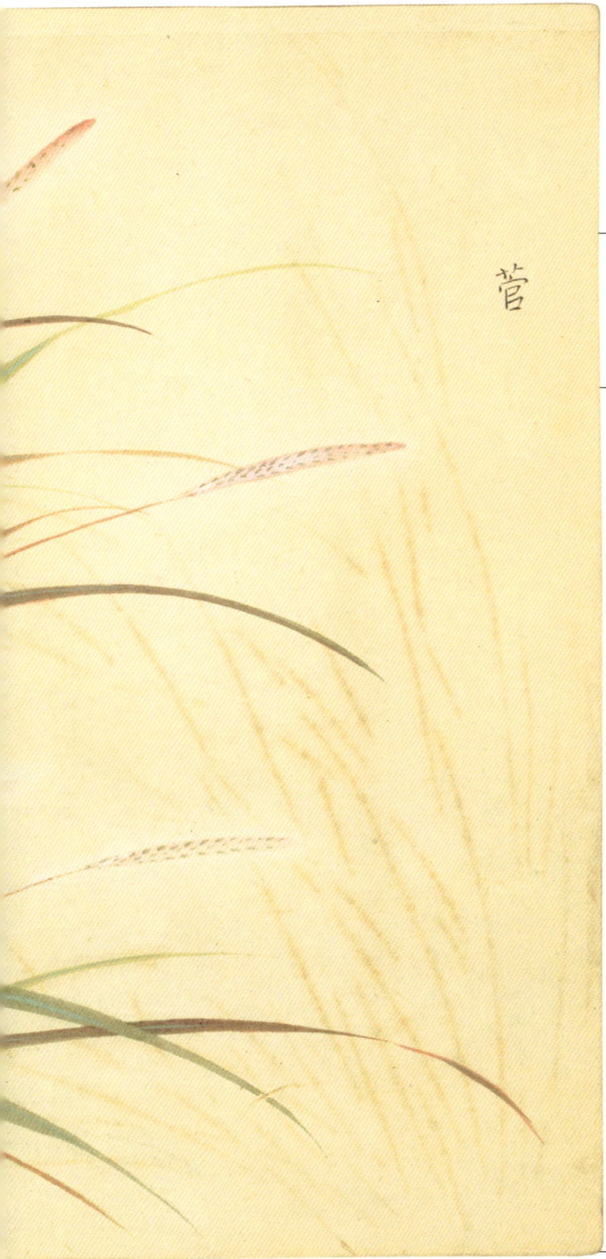

菅

菅，别名白华、苓草、蚂蚱草根、接骨草等。多生于山坡草地、灌丛或林缘向阳处，分布于我国华中、华南及西南等地。嫩叶可作饲料。茎叶纤维现用作造纸原料。未沤之前称为『野菅』，沤过称『菅』，柔软坚韧，可编制绳索、草鞋、炊帚、刷子等日常用品。根入药，可解表散寒、祛风湿、利小便。

《曹风·下泉》

洌彼下泉，浸彼苞蓍。
忾我寤叹，念彼京师。

《本草纲目》：『《史记·龟策传》云：「蓍百茎共一根。所生之处，兽无虎野狼，虫无毒螫。」蓍乃蒿属，神草也。故《易》曰：「蓍之德，圆而神。」天子蓍长九尺，诸侯七尺，大夫五尺，士三尺。」张华《博物志》言：「以末大于本者为主，次蒿，次荆，皆以月望浴之。然则无蓍揲卦，亦可以荆、蒿代之矣。」』

蓍

蓍，即高山蓍，别名蚰蜒草、蜈蚣草、锯齿草等，多生于山坡草地、荒野灌丛及林缘，在我国东北、华北、西北等地区有分布。果实入药，可益气充肌肤；叶入药，可化腹中痞疾。整株可用作花径、花丛背景材料。我国古时取蓍草之多茎株高者进行占卜，称之为『筮草』，视作神物。

《豳风·七月》

六月食郁及薁，七月亨葵及菽。
八月剥枣，十月获稻。
为此春酒，以介眉寿。

《毛传》：『薁，蘡薁也。』
《本草纲目》：『蘡薁野生林墅间，亦可插植。蔓叶花实，与葡萄无异。其实小而圆，色不甚紫也。《诗》云：六月食薁，即此。其茎吹之，气出有汁，如通草也。』

薁

薁，即蘡薁，别名野葡萄、山葡萄、猫眼睛等，生于山坡、灌丛。分布于我国华东、华中及东南等地。果可鲜食、酿酒或制醋。藤茎可用于造纸。全草和根可入药，茎叶有祛风湿、利小便、解肿毒的功效，根可治黄疸、湿痹等症。

《豳风·七月》

六月食郁及薁，七月亨葵及菽。
八月剥枣，十月获稻。
为此春酒，以介眉寿。

《集传》：『葵，菜名。』

《本草纲目》：『按《尔雅翼》云：葵者，揆也。葵叶倾日，不使照其根，乃智以揆之也。古人采葵必待露解，故曰露葵。今人呼之滑菜，言其性也。古者葵为五菜之主，今不复食之。有紫茎、白茎二种，以白茎为胜。大叶小花，花紫黄色，其最小者名鸭脚葵。』

葵

葵，即冬葵，别名葵菜、露葵、马蹄菜等。生于平原、旷野、林缘、路旁。古时，韭、薤、葵、葱、藿列为五菜。《素问》言『五谷为养，五菜为充』，葵以嫩叶为主要蔬菜。种子、根、嫩苗及叶皆可入药。茎皮纤维坚韧，可代麻用。葵的叶子形弯曲，可以地植或盆栽，作园林观赏植物。

《豳风·东山》

我徂东山，慆慆不归。
我来自东，零雨其濛。
果蠃之实，亦施于宇。

《毛传》：『果蠃，栝楼也。』
《本草纲目》：『其根作粉，洁白如雪，故谓之天花粉。三四月生苗，引藤蔓。叶如甜瓜叶而窄，作叉，有细毛。七月开花，似壶卢花，浅黄色。结实在花下，大如拳，生青，至九月熟，赤黄色……其根直下生，年久者长数尺。秋后掘者结实有粉，夏月掘者有筋无粉，不堪用。』

果蠃

果蠃，即栝楼。别名吊瓜、王白等。生长于向阳山野、石缝、溪谷、草丛和村旁田边。分布于我国西北、西南、华北至长江流域各地。根（天花粉）、果皮（栝楼皮）、种子（栝楼仁）皆供药用，有解热化痰、润肺宽胸、散结滑肠的功效。根制淀粉含『天花粉蛋白』，可作粥饼食用，旧时为济荒食物。

《小雅·鹿鸣》

呦呦鹿鸣，食野之蒿。
我有嘉宾，德音孔昭。
视民不恌，君子是则是效。
我有旨酒，嘉宾式燕以敖。
呦呦鹿鸣，食野之芩。
我有嘉宾，鼓瑟鼓琴。
鼓瑟鼓琴，和乐且湛。
我有旨酒，以燕乐嘉宾之心。

《本草纲目》：『青蒿春生苗，叶极细，可食。至夏高四五尺。秋后开细淡黄花，花下便结子，如粟米大，八九月采子阴干。根茎子叶并入药用，干者炙作饮香尤佳。』

《毛传》：『芩，草也。』

《正义》引**《陆疏》**：『茎如钗股，叶如竹，蔓生泽中下地咸处，为草嘉实，牛马亦喜食之。』

《品物图考》：『芩无地不生……叶如竹而柔软，宜牛马食之。』

芩 蒿

蒿，即今之青蒿，别名香蒿、草蒿等。常零散生于低海拔、湿润的河岸、沙地及山谷、路旁。古时以嫩苗叶作菜蔬食用；全草可作饲料，鹿类等野生动物都非常喜食。全草及种子可入药，有清热解暑、凉血止痒的功效。

芩为何种植物，历来有芩草、蒿子、水芹、黄芪等各种说法。芩草，别名蔓苇、竹头草、淡竹叶等。生于河滩沙地、山间河岸等近水处。可作牧草，鹿亦喜食。地面匍匐成网，有护坡保土的作用。

《小雅·南山有臺》

南山有臺，北山有莱。
乐只君子，邦家之基。
乐只君子，万寿无期！

《陆疏》：『莱，草名，其叶可食。今兖州人蒸以为茹，谓之莱蒸。』
《集传》：『莱，草名。叶香可食者也。』
《本草纲目》：『藜处处有之。即灰藋之红心者，茎叶稍大。河朔人名落藜，南人名胭脂菜，亦曰鹤顶草，皆因形色名也。嫩时亦可食，故昔人谓藜藿与膏梁不同。老则茎可为杖。』

莱

莱，即藜。别名鹤顶草、灰条菜、胭脂菜等，生于田间、荒地、郊野、路边、村落等处，常成片生长，形成自然群落，在田间为难除杂草。嫩叶、幼苗可作饲料，也可作菜蔬，蒸熟后食用。全草入药，有清热、利湿、杀虫的功效。种子可榨油。木质化老茎可作手杖。叶含碱，古时用于洗涤衣物、漂白布匹。

《小雅·菁菁者莪》

菁菁者莪，在彼中阿。
既见君子，乐且有仪。
菁菁者莪，在彼中沚。
既见君子，我心则喜。

《毛传》：『莪，萝蒿也。』

《陆疏》：『生泽田渐洳之处，叶似邪蒿而细，科生。三月中，茎可生食，又可蒸食，香美，味颇似蒌蒿。』

《本草纲目》：『莪，亦峨也，峨科高也。可以覆蚕，故谓之萝。抱根丛生，故曰抱娘。』

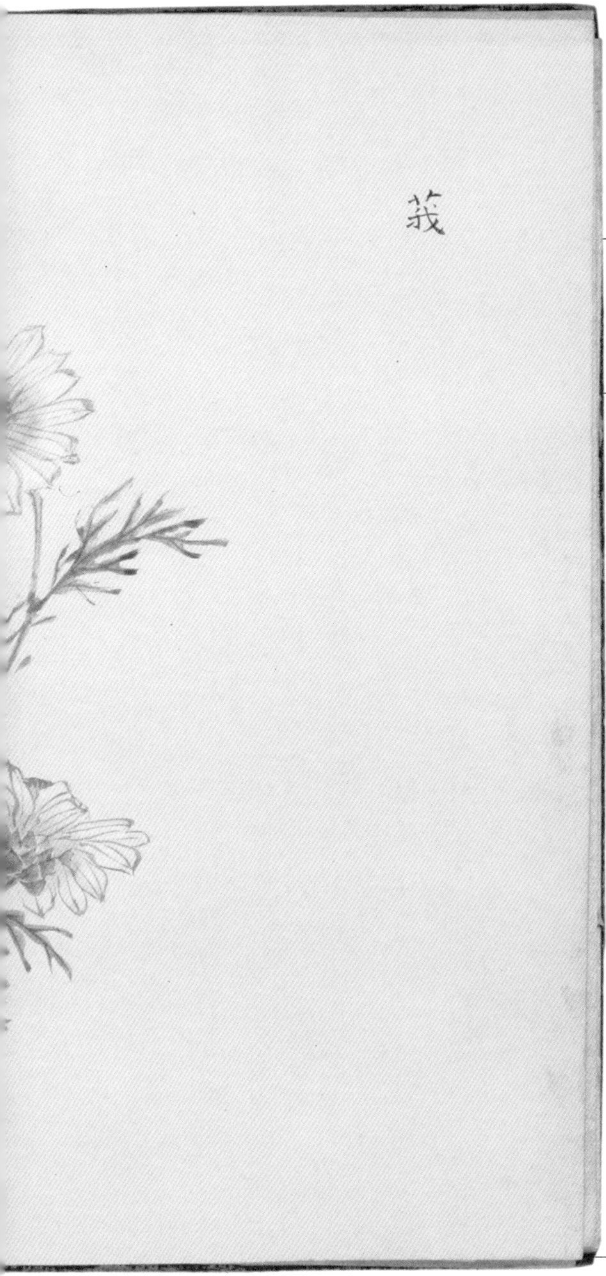

莪

莪，即播娘蒿，别名萝、萝蒿、抱娘蒿等。生于山野、农田，我国华北、西北、华东、西南等地有分布。嫩叶可作菜蔬食用，味道与蒌蒿相似。种子可榨油，供作工业用途或食用，亦入药用，称『南葶苈子』，可以祛痰定喘、强心利尿。

《小雅·我行其野》

我行其野，言采其蓫。
昏姻之故，言就尔宿。
尔不我畜？言归斯复。

《毛传》：『蓫，恶菜也。』
《陆疏》：『蓫，扬州人谓之羊蹄，似芦服而茎赤。可沦为茹，滑而不美也，多啖令人下气。』
《本草纲目》：『羊蹄以根名，牛舌以叶形，名秃菜以治秃疮名也。春生苗，高者三四尺。叶狭长，颇似莴苣而色深。茎节间紫赤。开青白花成穗，结子三棱，夏中即枯。』

蓫

蓫，即羊蹄，别名金不换、野萝卜、羊耳朵等。生于山野、路旁或河岸、湿地，分布于我国东北、华北、华东、中南及西南等地。嫩苗叶可作野菜食用，但因味苦且可致人下痢，被视为『恶菜』。古时作济荒食物。根可入药，有清热凉血、止痒治癣、通便利水的功效。根与茎叶的浸出液可防治棉蚜虫。

《小雅·我行其野》

我行其野，言采其葍。
不思旧姻，求尔新特。
成不以富，亦祇亦异。

《毛传》：『葍，恶菜也。』
《陆疏》：『葍，幽州人谓之燕葍，其根正白，可著热灰中温啖之，饥荒之岁，可蒸以御饥。汉祭甘泉或用之。其草有两种，叶细而花赤，有臭气也。』
《本草纲目》：『旋花……叶如菠菜叶而小。至秋开花，如白牵牛花，粉红色，亦有千叶者。其根白色，大如筋。不结子。』

葍

葍，即打碗花，别名小旋花、兔耳草、面根藤等，为田间、野地、路旁、草丛、水边常见杂草。根茎含淀粉，可蒸食，有甜味；嫩叶可作野菜食用，但不宜多食久食，古时有『恶菜』之名，一般仅用于救荒或穷人度饥。花及根茎可入药，花外用可治牙痛，根茎可理气健脾、调经活血。

《诗经名物图解》/日本江户时代的儒学者细井徇撰绘/原本现藏于日本国立国会图书馆

《小雅·斯干》

下莞上簟，乃安斯寝。
乃寝乃兴，乃占我梦。
吉梦维何？维熊维罴，维虺维蛇。

《郑笺》：『莞，小蒲之席也。』

《释文》：『草，丛生水中，茎圆，江南以为席……形似小蒲而实非也。』

《尔雅》：『莞，苻蓠。』

《品物图考》：『按《汉书注》「莞今谓之葱蒲」，则蒲莞之别可知。』

莞

莞，即水葱，别名苻蓠、席子草、冲天草等。生于池泽浅水处或湖边湿地中，在我国东北、华北、西北、西南等地区均有分布。茎秆可用于编织草席、草包，或充作细绳捆绑物品，还可以作插花线条材料及造纸原料。根茎入药，有清凉利尿的功效。水葱株形挺立，别有韵味，常栽培于水景边作后景材料。

《周颂·良耜》

其笠伊纠，其镈斯赵，以薅荼蓼。
荼蓼朽止，黍稷茂止。

《正义》：『蓼，辛苦之菜。』

《集传》：『蓼，辛苦之物也。』

《本草纲目》：『古人种蓼为蔬，收子入药。故《礼记》烹鸡豚鱼鳖，皆实蓼于其腹中，而和羹脍亦须切蓼也。后世饮食不用，人亦不复栽，惟造酒曲者用其汁耳。』

蓼

蓼，即水蓼，别名水红花、药蓼子草等。生于河滩、山谷湿地、田野水边。根（水蓼根）、果实（蓼实）可入药，可以化湿行滞、祛风消肿，用于治疗痧秽腹痛、泄泻痢疾、子宫出血等症。古时为『五辛』之一，作为辛辣调味品食用，烹煮鸡、猪、鱼、鳖时，『皆实蓼于其腹中』以去除腥味。

《小雅·蓼莪》

蓼蓼者莪，匪莪伊蒿。
哀哀父母，生我劬劳。
蓼蓼者莪，匪莪伊蔚。
哀哀父母，生我劳瘁。

《陆疏》：『牡蒿也。三月始生，七月华，华似胡麻华而紫赤。八月为角，角似小豆角，锐而长，一名马薪蒿。』

《本草纲目》：『齐头蒿三四月生苗，其叶扁而本狭，末蒡而秃，故有齐头之名。鹿食九草，此其一也。秋开细黄花，结实大如车前实，而内子微细不可见，故人以为无子也。』

蔚

蔚，即牡蒿，又名齐头蒿、野塘蒿、土柴胡等，生长于山坡路旁或荒地、河岸等处。全草入药，有清热解表、凉血解暑的功效，可治感冒身热、劳伤咳嗽、疟疾等症。嫩苗叶勉强可作野菜食用，但味苦、口感差，在野外为鹿喜食。干茎可燃烟驱蚊。因种实微小不易被发现，所以古人误认为其只开花不结子，名之为『牡蒿』。

《小雅·頍弁》

茑与女萝，施于松柏。
未见君子，忧心奕奕。
既见君子，庶几说怿。

《陆疏》：『茑，一名寄生，叶似当卢，子如覆盆子，赤黑甜美。』

《本草纲目》：『此物寄寓他木而生，如鸟立于上，故曰寄生、寓木、茑木……冬夏生，四月花白。五月实赤，大如小豆。』

《毛传》：『女萝，菟丝，松萝也。』

《陆疏》：『今兔丝蔓连草上生，黄赤如金，今合药菟丝子是也，非松萝。松萝自蔓松上，生枝正青，与兔丝殊异。』

茑 女萝

茑，即槲寄生。别名寄生树、桑寄生等。寄生于榆、柳、梨、松、柏等树上。全株入药，有祛风湿、补肝肾、强筋骨、通经络、安胎催乳等功效。种子落在寄生树杈后吸收其水分和营养物质，对寄主有害。

女萝，即长松萝，别名天蓬草、龙须草等。喜阴潮环境，多附生于松树等高山针叶树上。以地衣体（叶状体）入药，有祛痰止咳、清热解毒、除湿通络、止血调经等功效。

《鲁颂·泮水》

思乐泮水，薄采其芹。
鲁侯戾止，言观其旂。
其旂茷茷，鸾声哕哕。
无小无大，从公于迈。

《郑笺》：『芹，菜也，可以为菹，亦所用待君子也。我使采其水中芹者，尚洁清也。』

《本草纲目》：『菜之美者，有云梦之芹。水芹生江湖陂泽之涯，旱芹生平地，有赤白二种。二月生苗，其叶对节而生……五月开细白花，如蛇床花。』

《列子·杨朱》：『昔人有美戎菽、甘苔茎、芹萍子者，对乡豪称之。乡豪取而尝之，蜇于口，惨于腹。众哂而怨之，其人大惭。』

芹

芹，即水芹，别名水英、蜀芹等。生于低洼浅水的地方，如湿地、池沼、浅滩、沟旁、岸边等处，全国各地都有分布。芹的嫩茎和叶柄自古即入菜蔬食用，周代时还是祭祀供品。全草及根可入药，有清热凉血、利尿消肿等功效，可治高血压、暴热烦渴、水肿、痄腮等症。

《小雅·苕之华》

苕之华，芸其黄矣。
心之忧矣，维其伤矣！
苕之华，其叶青青。
知我如此，不如无生！

《毛传》：『苕，陵苕也，将落则黄。』
《郑笺》：『陵苕之华，紫赤而繁。』
《本草纲目》：『俗谓赤艳曰紫葳葳，此花赤艳，故名。附木而上，高数丈，故曰凌霄。……八月结荚如豆荚，长三寸许，其子轻薄如榆仁、马兜铃仁。其根长亦如兜铃根状，秋后采之，阴干。』

苕

苕，即凌霄，别名紫葳、藤萝草、五爪龙等。生于山谷、河边、林下等处。茎、叶、花均可入药，有破血散瘀、凉血祛风的功效。宜植为庭园观赏花木，可用于假山、墙垣的垂直绿化，也是棚架、花廊绿化的理想植物。因其善于攀援树木、岩壁等向上生长，高可达数丈，故得名『凌霄』。

《大雅·绵》

周原朊朊，堇荼如饴。
爰始爰谋，爰契我龟：
曰止曰时，筑室于兹。

《品物图考》：『孔《疏》谓堇即乌头，《集传》从之，然此堇非乌头古义。辨之《唐本草》注，堇菜野生，非人所种，叶似蕺，花紫色。』

《本草纲目》：『苗作蔬食，味辛而滑，故有椒、葵之名。……水堇，即俗称胡椒菜者，处处有之。多生近水下湿地。高者尺许，其根如荠。二月生苗，丛生。』

堇

堇，即石龙芮，别名姜苔、鬼见愁等，生于池河沟边、田畔、平原湿地等处。全草洗净鲜用或晒干入药，有拔毒散结、消肿截疟的功效，还可外用，治痈肿毒疮等。《本草纲目》等说堇的苗叶可作蔬食，但现代研究发现，石龙芮鲜叶接触皮肤可引起皮炎，误食严重者可致死亡，认定其为有毒植物，已不再作为野菜入蔬。

《大雅·生民》

诞实匍匐，克岐克嶷，以就口食。
蓺之荏菽，荏菽旆旆。
禾役穟穟，麻麦幪幪，瓜瓞唪唪。

《毛传》：『荏菽，戎菽也。』
《郑笺》：『戎菽，大豆也。』
《本草纲目》：『《广雅》云：大豆，菽也。小豆，荅也。角曰荚，叶曰藿，茎曰萁。』
《集疏》：『菽者，众豆之总名，后以小豆名荅，遂专名菽为大豆。』

荏菽

菽，广义上是豆类的总称，狭义上则专指大豆。大豆原产我国，通常认为是由野生大豆驯化而来，栽培历史达五千年之久，为我国主要的油料作物和经济作物。种子可食用、榨油，或制作豆腐、黄酱等副食产品；也可入药，可健脾宽中。茎、叶和豆粕（榨油后副产品）为优质饲料。古时被列为『五谷』之一。

《鲁颂·泮水》

思乐泮水，薄采其茆。
鲁侯戾止，在泮饮酒。
既饮旨酒，永锡难老。
顺彼长道，屈此群丑。

《陆疏》：『茆与荇菜相似，叶大如手，赤圆，有肥者，著手中滑不得停，茎大如匕柄，叶可以生食，又可鬻，滑美。江南人谓之莼菜，或谓之水葵，诸泽水中皆有。』

《本草纲目》：『莼性纯而易生。种以浅深为候，水深则茎肥而叶少，水浅则茎瘦而叶多。……夏月开黄花。结实青紫色，大如棠梨，中有细子。』

茆

茆，即莼菜，别名马蹄草、湖菜等，生于水质清洁的湖泊、池塘和沼泽中，江苏太湖、杭州西湖等地产量尤多。春夏季可采其嫩叶作菜蔬食用，鲜嫩黏滑，称『莼羹』，为地方佳肴。古时也用作祭祀供品。入药有清热解毒、利水消肿等功效，茎叶外敷可治痈疽疔肿。

《周南·桃夭》

桃之夭夭，灼灼其华。之子于归，宜其室家。
桃之夭夭，有蕡其实。之子于归，宜其家室。
桃之夭夭，其叶蓁蓁。之子于归，宜其家人。

《毛传》：『桃，有华之盛者。』
《集传》：『桃，木名。华红，实可食。』
《本草纲目》：『桃性早花，易植而子繁，故字从木、兆。十亿曰兆，言其多也。或云从兆，谐声也。桃品甚多，易于栽种，且早结实。』

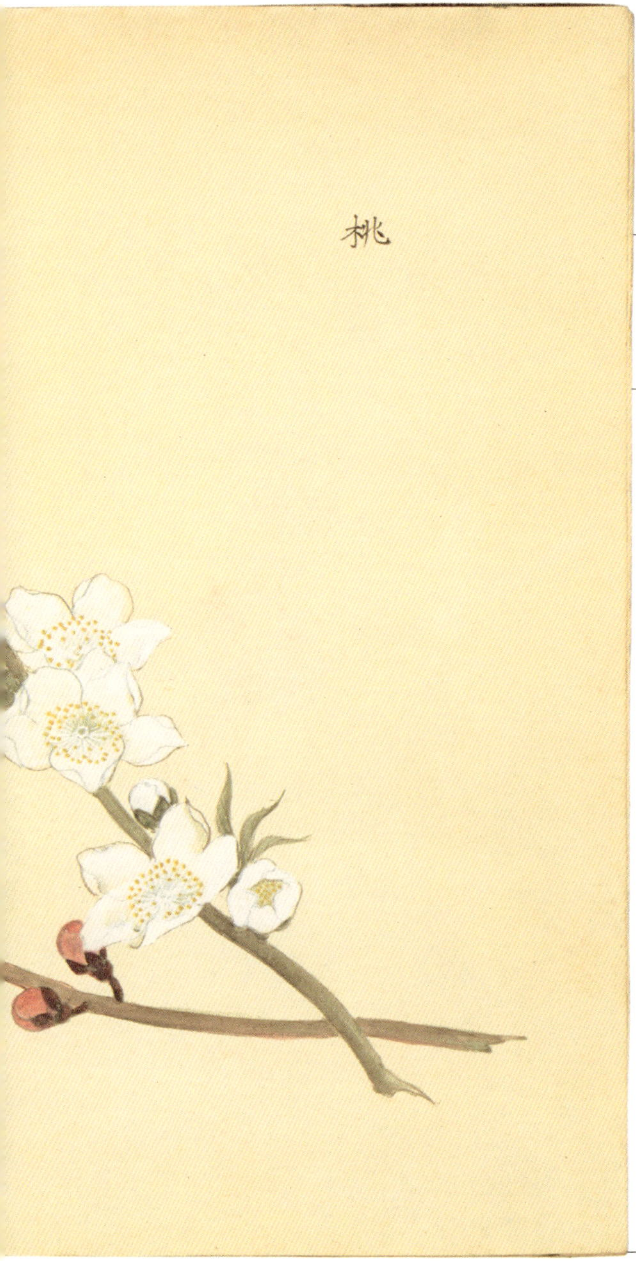

《诗经名物图解》/日本江户时代的儒学者细井徇撰绘/原本现藏于日本国立国会图书馆

桃

桃，别名毛桃等。果实味道鲜美，可以生食，也可以制桃脯或桃罐头等。根及根皮、叶、花、嫩枝、茎皮、树干浸胶、生熟果实、种仁等皆可入药。桃仁具有活血祛瘀、润燥通便的功效，花可除水利尿，干幼果（瘪桃干）可生津止汗等。桃仁可榨取工业用油。桃核可雕刻为精美工艺品。我国民间传说桃木有辟邪作用。

《唐风·绸缪》

绸缪束楚，三星在户。
今夕何夕，见此粲者？
子兮子兮，如此粲者何？

《集传》：『楚，木名，荆属。』
《本草纲目》：『牡荆处处山野多有，樵采为薪。年久不樵者，其树大如盌也。其木心方，其枝对生，一枝五叶或七叶。叶如榆叶，长而尖，有锯齿。五月杪间开花成穗，红紫色。其子大如胡荽子，而有白膜皮裹之。……有青、赤二种：青者为荆，赤者为楛。嫩条皆可为筥囤。古者贫妇以荆为钗，即此二木也。』

楚

楚，亦称黄荆、牡荆、土柴胡等。常生于向阳山坡、原野与路旁、林边，形成灌丛。细枝条可编织篮筐等日用器具，老枝条可作柴薪。茎皮纤维可用于造纸及制人造棉。开花时为优良的蜜源植物，可酿荆条蜜。整株可栽培作为观赏植物。叶、茎、果实和根均可入药。花和枝叶可提取芳香油。枝干坚韧，古时取其枝条充作刑杖。

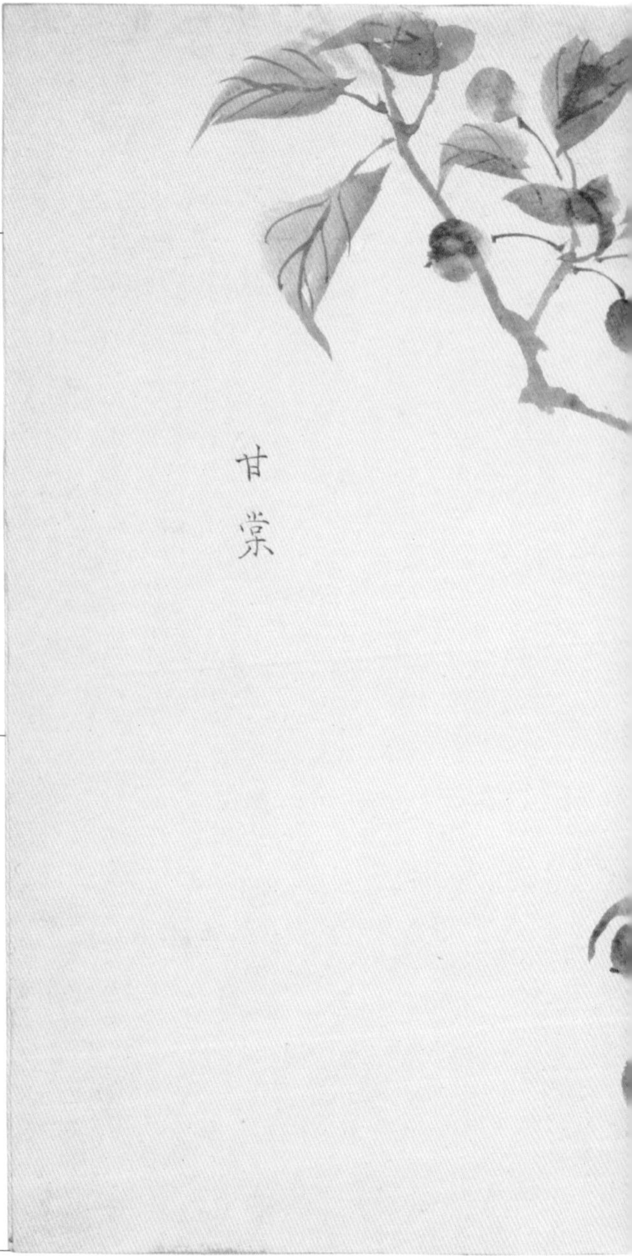

《召南·甘棠》

蔽芾甘棠，勿翦勿伐，召伯所茇。
蔽芾甘棠，勿翦勿败，召伯所憩。
蔽芾甘棠，勿翦勿拜，召伯所说。

《集传》：『甘棠，杜梨也。白者为棠，赤者为杜。』

《本草纲目》：『棠梨，野梨也。处处山林有之。树似梨而小。叶似苍术叶，亦有团者、三叉者，叶边皆有锯齿，色颇黪白。二月开白花，结实如小楝子大，霜后可食。……其花亦可炸食，或晒干磨面作烧饼，食以济饥。』

甘棠

甘棠，古时认为是杜梨中之果实色白甘美者，又名棠、白棠，与果赤且酸涩无味的赤棠形成对比。现代植物学上仍统称为『杜梨』。果实酸甜可食，亦可作酿酒或制醋原料。树皮可提制栲胶。果实、树皮、枝叶等入药，有消食止泻的功效。苗材常作栽培各种梨树的砧木，树材可供制作各种器具或工艺品雕刻。在我国北方盐碱地区可植作防护林带。

《召南·摽有梅》

摽有梅，其实七兮。
求我庶士，迨其吉兮。
摽有梅，其实三兮。
求我庶士，迨其今兮。
摽有梅，顷筐塈之。
求我庶士，迨其谓之。

《集传》：『梅，木名，华白，实似杏而酢。』

《本草纲目》：『树、叶皆略似杏。叶有长尖，先众木而花。其实酢，曝干为脯，入羹臛齑中，又含之可以香口。子赤者材坚，子白者材脆。……梅实采半黄者，以烟熏之为乌梅；青者盐淹曝干为白梅。亦可蜜煎、糖藏，以充果饤。熟者笮汁晒收为梅酱。惟乌梅、白梅可入药。』

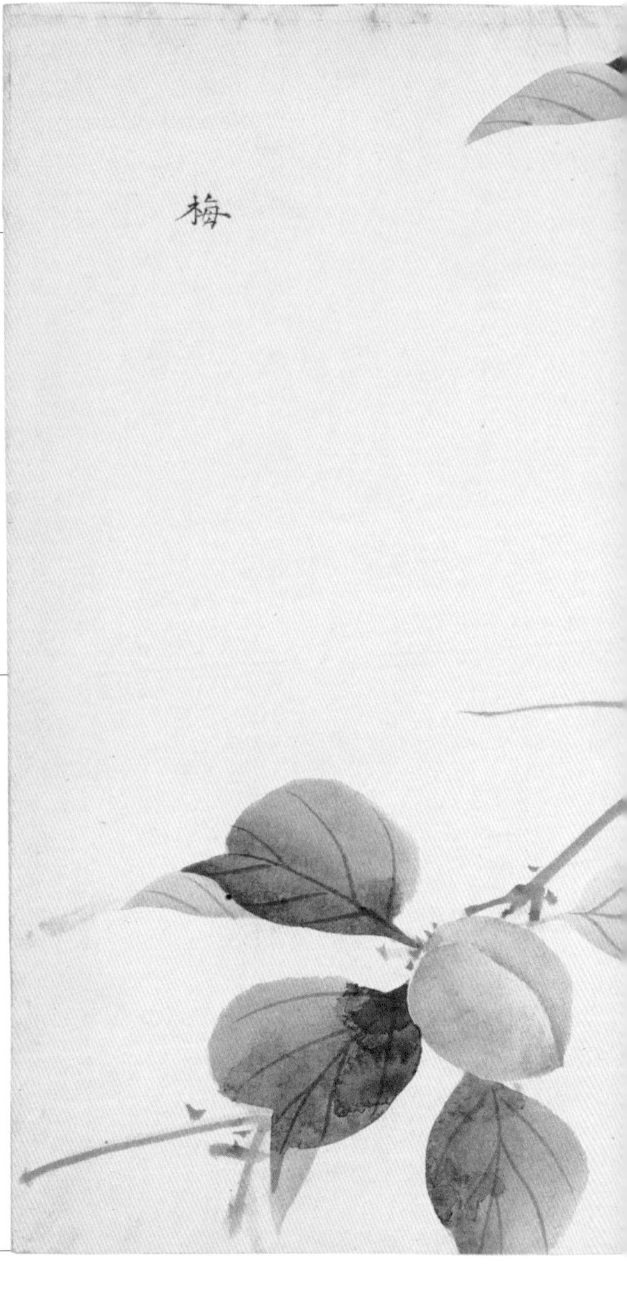

梅

梅，别名青梅、黄梅等。原产于我国，已有三千多年的栽培史。梅的品种很多，分为果用梅和花用梅两大类。果梅多用于加工制作蜜饯、果酒和果酱，亦可生食。花、叶、根和种仁均可入药，花蕾具有开胃散郁、活血解毒的功效。花梅作为观赏植物深受人们喜爱，与兰、竹、菊一起被誉为『花间四君子』，与松、竹并称为『岁寒三友』。

《召南·何彼襛矣》

何彼襛矣？唐棣之华。
曷不肃雍？王姬之车。

《毛传》：『唐棣，移也。』

《本草纲目》：『移乃白杨同类，故得杨名。扶移木生江南山谷。树大十数围，无风叶动，花反而后合，《诗》云：唐棣之华，偏其反而，是也。移杨与白杨是同类二种，今南人通呼为白杨，故俚人有「白杨叶，有风掣，无风掣」之语。其入药之功，大抵相近。』

唐棣

唐棣，别名扶移、移杨、高飞、红栒子等。落叶小乔木。生于海拔一千至两千米的山坡、灌丛。果实甜而多浆，可生食、酿酒或制果酱。花开时茂密馥郁，白而芬芳，可植作观赏花木。树皮可入药（即扶移木皮），可祛脚气疼痹。

《召南·何彼襛矣》

何彼襛矣？华如桃李。
平王之孙，齐侯之子。

《集传》：『李，木名。华白，实可食。』

《本草纲目》：『李，绿叶白花，树能耐久，其种近百。其子大者如柸如卵，小者如弹如樱。其味有甘酸苦涩数种。……早则麦李、御李，四月熟。迟则晚李、冬李，十月、十一月熟。又有季春李，冬花春实也。』

李

李，别名李子、嘉庆子等，原产我国，品种众多。李花可供观赏，果实自古至今为生食佳果，也可制果脯蜜饯。根皮、树胶、叶、花、果、种仁皆可入药。根皮有清热解毒的功效；种仁可活血祛瘀，滑肠利水；花可令人面容光洁，除粉滓。

《魏风·园有桃》

园有棘，其实之食。
心之忧矣，聊以行国。
不我知者，谓我『士也罔极。
彼人是哉，子曰何其。』
心之忧矣，其谁知之？
其谁知之，盖亦勿思！

《毛传》：『棘，难长养者。』

《集传》：『棘，小木。丛生多刺，难长。』

《梦溪笔谈》：『枣与棘相类，皆有刺。枣独生，高而少横枝；棘列生，卑而成林。以此为别。』

《本草纲目》：『棘，酸枣也。……八月结实，紫红色，似枣而圆小味酸。』

棘

棘，即酸枣，别名山枣、野枣等。野生于山坡的向阳处、丘陵、荒野或路旁，常形成丛莽。果肉薄，富含维生素C，可生食或制果酱，但多用于加工酸枣汁、酸枣酒等食品。核仁、根皮、花、叶、棘刺等皆可入药，其中酸枣仁具有宁心、安神、益肝、敛汗的功效。花多蜜腺，为优质蜜源；树可作枣树砧木；枝多锐刺，可植为绿篱。

《小雅·湛露》

其桐其椅，其实离离。
岂弟君子，莫不令仪。

《毛传》：『椅，梓属。』

《集传》：『椅，梓实桐皮。……四木皆琴瑟之材也。』

《本草纲目》：『楸叶大而早脱，故谓之楸……唐时立秋日，京师卖楸叶，妇女、儿童剪花戴之，取秋意也。楸有行列，茎干直耸可爱。至秋垂条如线，谓之楸线，其木湿时脆，燥而坚，故谓之良材，宜作棋枰，即梓之赤者也。』

椅

椅，即山桐子，古注多以梓、楸、椅互释。楸，别名木王、小叶梧桐等。树形挺拔，花色优美，自古被植作庭院观赏树种。木材坚实致密，多用于专门加工高档用品和特种产品，亦可作建筑、桥梁、家具用材。古人看中其经济价值，有栽种此树作为财产以惠泽子孙后代的习惯。嫩叶与花可作蔬菜食用，花可提炼芳香油。花、叶可饲猪。树叶、树皮、种子均可入药。

《鄘风·定之方中》

定之方中，作于楚宫。
揆之以日，作于楚室。
树之榛栗，椅桐梓漆，爰伐琴瑟。

《集传》：『桐，梧桐也。……四木皆琴瑟之材也。』
《品物图考》：『桐，白桐也。梧桐别见。』
《梦溪笔谈》：『琴虽用桐，然须多年木性都尽，声始发越。……琴材欲轻、松、脆、滑，谓之四善。』
《本草纲目》：『桐华成筒，故谓之桐。其材轻虚，色白而又绮文，故俗谓之白桐、泡桐，古谓之椅桐也。』

桐

桐，即白花泡桐，别名白桐、花桐等。桐是我国栽培历史悠久的著名经济树种。树形优美，可植作观赏树或行道树。花和嫩叶可作时蔬食用。果、花、根皮、茎干可入药用。桐木材优良，是制作琴瑟等乐器、箱柜类家具及风箱、锅盖等日用品的良材。关于制琴用材，我国古时一向有『桐天梓地』的说法，更有神农『削桐为琴』的传说。

梓

《小雅·小弁》

维桑与梓，必恭敬止。
靡瞻匪父，靡依匪母。
不属于毛，不罹于里。
天之生我，我辰安在？

《集传》：『梓，楸之疏理、白色而生子者。……四木皆琴瑟之材也。』

《诗缉》：『椅桐可为琴瑟，榛栗可备笾实，梓漆可供器用，但言伐琴瑟者，取成句耳，他可类推也。』

《本草纲目》：『梓木处处有之。有三种：木理白者为梓，赤者为楸，梓之美文者为椅，楸之小者为榎。』

梓

梓，别名木王、木角豆等。与楸树为近缘树种，而材质稍逊于后者，因质地优良，亦有『木王』之称。古时『桐天梓地』的说法，即指制琴时多以梓木作琴底。亦可用作建筑、船舶用材或制造家具等。梓的果实和叶嫩时可作菜蔬食用。果、花、叶、茎干、根皮可入药，其中皮入药称『梓白皮』，可清热解毒。

《秦风·车邻》

阪有漆，隰有栗。
既见君子，并坐鼓瑟。
今者不乐，逝者其耋。

《集传》：『漆，木。有液黏黑，可饰器物。四木皆琴瑟之材也。』
《本草纲目》：『许慎《说文》云：漆本作桼……其字象水滴而下之形也。漆树高二三丈余，皮白，叶似椿，花似槐，其子似牛李子，木心黄。六月、七月刻取滋汁。』

漆

漆，别名漆树、干漆、大木漆、小木漆、山漆等，喜生于向阳避风的山坡，是我国自古栽培的重要经济作物。漆树果皮可取漆蜡，用于制皂，种子可榨漆仁油，叶可提制栲胶。干漆可入药，有驱虫、镇咳、通经的功效。树材可用于装饰或制作箱柜、琴瑟等。该物种在中国植物图谱数据库中收录为有毒植物，汁液有毒，可引发过敏反应。

《小雅·南山有臺》

南山有桑，北山有杨。
乐只君子，邦家之光。
乐只君子，万寿无疆！

《集传》：『桑，木名，叶可饲蚕者。』

《集传》：『桑、梓，二木。古者五亩之宅，树之墙下，以遗子孙，给蚕食、具器用者也。』

《本草纲目》：『桑乃蚕所食叶之神木，故加木于叒下而别之。俗间呼桑之小而条长者，皆为女桑。』

桑

桑，别名家桑、桑葚树等。原产我国北部和中部，已有四千多年的栽培历史。周朝时期，采桑养蚕是常见的农事活动。桑葚可鲜食或用于酿酒。木材可供雕刻或制造家具、乐器、弓等。桑枝条可用于编织箩筐或作柴薪。茎皮纤维可造优质纸张『桑皮纸』，或用作纺织原料。根皮、枝、叶、果及寄生物均可入药。可植作庭荫树，『桑梓』自古为家乡代称。

《卫风·木瓜》

投我以木瓜，报之以琼琚。
匪报也，永以为好也。

《毛传》：『木瓜，楙木也，可食之木。』
《本草纲目》：『木瓜可种可接，可以枝压。其叶光而厚，其实如小瓜而有鼻，津润味不木者，为木瓜……木瓜性脆，可蜜渍之为果。去子蒸烂，捣泥入蜜与姜，作煎，冬月饮尤佳。』

木瓜

木瓜，即皱皮木瓜，别名木瓜花、秋木瓜、铁杆海棠等。果实可蒸煮或作蜜饯、果酱、果汁食用；干制后可入药，是中药木瓜的主流产品，有驱风活络、镇痛消肿、平肝和脾、化湿舒筋的功效，可治中暑、霍乱、脚气水肿、风湿痹痛等症。

《王风·扬之水》

扬之水，不流束蒲。
彼其之子，不与我戍许。
怀哉怀哉！曷月予还归哉？

《本草纲目》：『香蒲即甘蒲，可作荐者。春初生，取白为菹，亦堪蒸食。山南人谓之香蒲，以菖蒲为臭蒲也。蒲黄即此蒲之花也。香蒲，蒲黄苗也。处处有之，以泰州者为良。春初生嫩叶，未出水时，红白色茸茸然。取其中心入地白蒻，大如匕柄者，生啖之，甘脆。又以醋浸，如食笋，大美。』

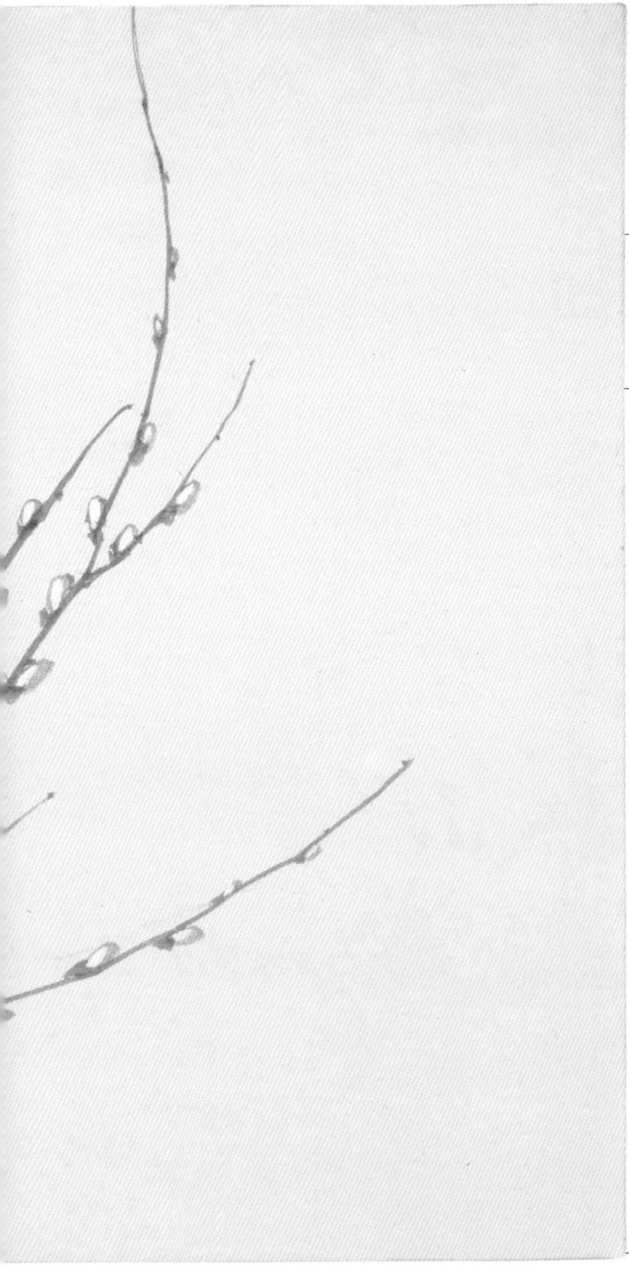

蒲

蒲，泛指香蒲科中十余种挺水型的单子叶植物香蒲，又名蒲草、蒲菜、水烛等。生于水边、池沼、河滩、渠旁等地。叶片可用于编织蒲席、蒲团等。蒲叶纤维可作纺织和造纸的原料。花粉入药称『蒲黄』，有行瘀利水、收敛止血的功效。花穗（蒲棒）常用作鲜切花材料，成熟后可蘸油代替蜡烛照明。白色根茎和嫩芽皆可作菜蔬食用。

《小雅·鹤鸣》

鹤鸣于九皋，声闻于野。
鱼潜在渊，或在于渚。
乐彼之园，爰有树檀，其下维萚。
他山之石，可以为错。

《毛传》：『檀，强韧之木。』
《集传》：『檀，皮青滑泽，材强韧，可为车。』
《本草纲目》：『檀有黄、白二种，叶皆如槐，皮清而泽，肌细而腻，体重而坚，状与梓榆、荚蒾相似。』

檀

《诗经名物图解》/日本江户时代的儒学者细井徇撰绘/原本现藏于日本国立国会图书馆

檀的品种很多，如青檀、白檀、黄檀、紫檀等，材质皆坚重清香，为优质木材。青檀，别名檀树、摇钱树等。檀常生于低海拔的山麓、河滩、溪谷及岩壁石隙等处，喜生于石灰岩山地。为贵重木材，可供家具、器具等用，在古代是制造车辆的重要材料。茎皮纤维可用于纺织、制绳及制造宣纸。可作石灰岩山地造林树种和庭园观赏树种。

《郑风·有女同车》

有女同车，颜如舜华。
将翱将翔，佩玉琼琚。
彼美孟姜，洵美且都。

《毛传》：『舜，木槿也。』

《本草纲目》：『此花朝开暮落，故名日及。曰槿曰蕣，犹仅荣一瞬之义也。齐鲁谓之王蒸，言其美而多也。《诗》云『颜如舜华』即此。木槿花如小葵，淡红色，五叶成一花，朝开暮敛。……嫩叶可茹，作饮代茶。』

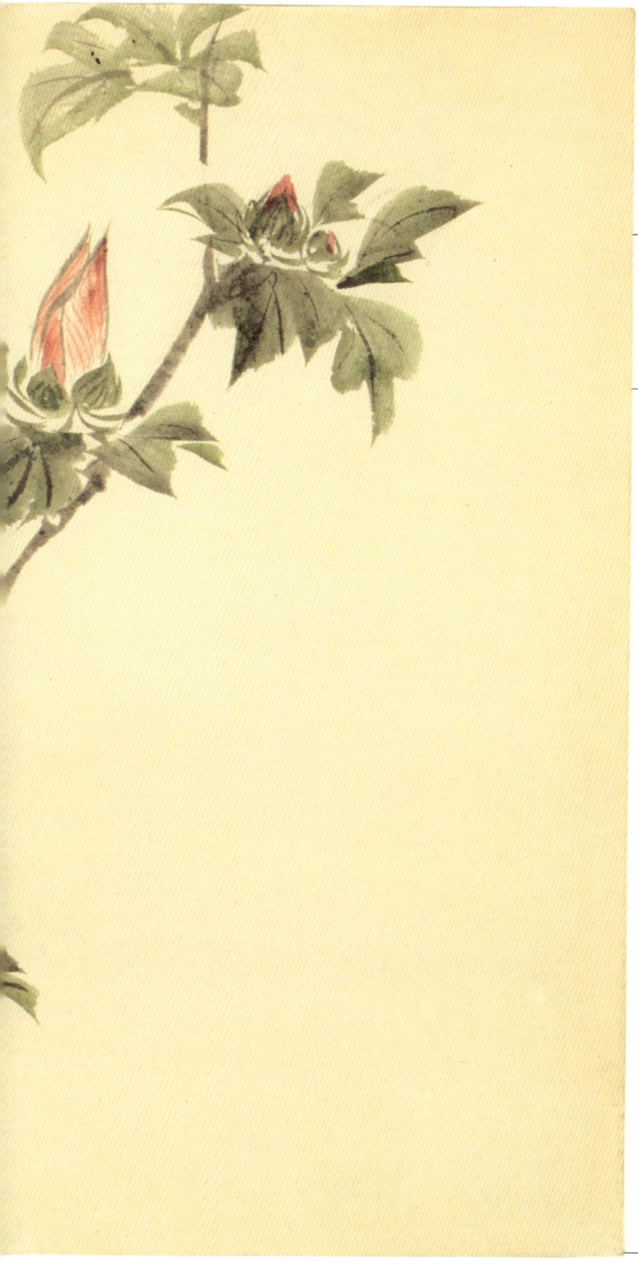

舜

舜，即木槿，别名爱老、花奴、白牡丹、木桂花等。花大而美，自古植作园林观赏灌木，或作花篱及庭园、行道布置。树皮纤维可用于制绳、纺织或造纸。花白色者可作菜蔬食用，嫩叶作茶饮，可助睡眠。全株入药，花可清热凉血、解毒消肿，根可清热解毒等，根皮和茎皮可杀虫止痒等，果实称『朝天子』，可清肺化痰等。

《唐风·椒聊》

椒聊之实，蕃衍盈升。
彼其之子，硕大无朋。
椒聊且，远条且！

《毛传》：『椒聊，椒也。』
《集传》：『椒，树。似茱萸，有针刺。其实味辛而香烈。聊，语助也。』
《本草纲目》：『秦椒，花椒也。始产于秦，今处处可种，最易蕃衍。其叶对生，尖而有刺。四月生细花，五月结实，生青熟红，大于蜀椒，其目亦不及蜀椒目光黑也。』

椒

椒，即花椒，别名大椒、红花椒等。耐旱，喜光。原产于我国，西北、华东、华中、华南等地均有分布。果实可作调味品，去除各种肉类的腥气，或提取芳香油。种子榨油，可供食用，或用于制皂。叶制农药，木材可作手杖。叶、果皮、种子、根均可入药，有芳香健胃、温中散寒、除湿止痛、杀虫解毒的功效。也植作防护刺篱。

《陈风·东门之枌》

东门之枌，宛丘之栩。
子仲之子，婆娑其下。

《毛传》：『栎，木也。』

《本草纲目》：『四五月开花如栗，花黄色。结实如荔枝核而有尖。其蒂有斗，包其半截。其仁如老莲肉，山人俭岁采以为饭，或捣浸取粉食，丰年可以肥猪。北人亦种之。其木高二三丈，坚实而重，有斑文点点。大者可作柱栋，小者可为薪炭。』

栩

栩，与栎异名而同物，即麻栎。别名橡树、青刚等。生于丘陵或低山疏林中。壳斗杯形，可作染料。果实为坚果（橡子），含淀粉和脂肪油，可酿酒或作饲料，油可制肥皂，旧时歉收之年橡实还作充饥度荒食物。木材坚重，供桥桩、船坞等水工用材，并供家具、地板等用材，古人用来制作车毂。橡实、壳斗、树皮可入药。

《豳风·七月》

六月食郁及薁，七月亨葵及菽。
八月剥枣，十月获稻。
为此春酒，以介眉寿。

《毛传》：『郁，棣属。』
《埤雅》：『如李而小，子如樱桃，正白，华萼上承下覆，甚相亲尔。』
《本草纲目》：『郁，《山海经》作栯，馥郁也。花实俱香，故以名之。……树高五六尺，叶、花及树并似麦李；惟子小若樱桃，甘酸而香，有少涩味也。』

郁

郁李，别名英梅、白棣、穿心梅等。原产于我国，多生于向阳山坡、丘陵林下或田埂、路边灌丛。花繁果盛，可植作观赏植物。果蜜浸后可生食或用于酿酒。树皮、种仁、根可入药，其中郁李仁有润燥滑肠、下气利水的功效，可治脚气足肿、大小便不通等症。

《豳风·七月》

八月剥枣，十月获稻。为此春酒，以介眉寿。

《梦溪笔谈》：『枣与棘相类，皆有刺。』

《本草纲目》：『枣木赤心有刺。四月生小叶，尖觥光泽。五月开小花，白色微青。南北皆有，惟青、晋所出者肥大甘美，入药为良。其类甚繁。』

枣

枣，别名大枣、红枣等，富含维生素，鲜食甜脆可口，民间称之为『木本粮食』，古时曾用以度荒救民，又可制成蜜饯、果脯、糕点或用于酿酒，干果可用作烹饪原料。果、核仁、叶、根、皮皆可入药。花可酿造枣花蜜。木材可制造家具及工艺品等，根可制作盆景。我国民间自古至今一直有新婚夫妇食枣以寓『早生贵子』的习俗。

《小雅·我行其野》

我行其野，蔽芾其樗。
昏姻之故，言就尔居。
尔不我畜，复我邦家。

《毛传》：『樗，恶木也。』

《传疏》：『樗，今俗之臭椿。』

《本草纲目》：『香者名椿，臭者名樗。椿、樗、栲，乃一木三种也。椿木皮细肌实而赤，嫩叶香甘可茹。樗木皮粗肌虚而白，其叶恶臭，歉年人或采食。』

樗

樗，即臭椿。别名虎目、大眼桐、凤眼草等。有净化空气的作用，常植作城市及多烟尘地区的绿化树种，也可作石灰岩地区的造林树种。叶可饲养椿樗蚕，树皮可提制栲胶。种子可榨油，供食用或制皂，残渣可作肥料。根皮、树皮、叶和种子可入药用。木材可供制人造板、农具、车辆之用，但木质疏松，易发霉遭虫蛀，被古人列为『不材之木』。

《小雅·北山》

陟彼北山，言采其杞。
偕偕士子，朝夕从事。
王事靡盬，忧我父母。

《本草纲目》：『枸、杞，二树名。此物棘如枸之刺，茎如杞之条，故兼名之。春生苗，叶如石榴叶而软薄堪食，俗呼为甜菜。其茎干高三五尺，作丛。六月、七月生小红紫花，随便结红实，形微长如枣核。其根名地骨。』

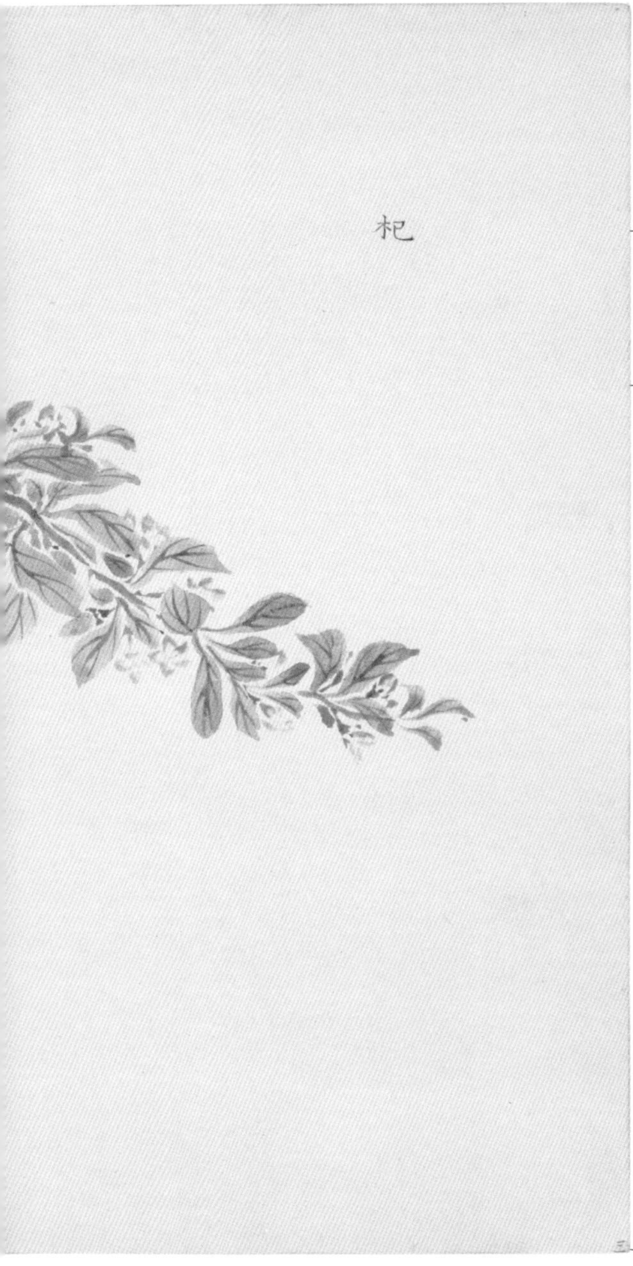

杞

杞，即枸杞，别名羊乳、仙人杖、地骨子等。生于丘陵山坡、旷野荒地及路边宅旁。嫩叶可入蔬食用，浆果可供路途采摘充饥。树干可作手杖。是西北黄土高原水土保持和固沙植物，也可植作绿篱，或作树桩盆栽。果（枸杞子）、叶（枸杞叶）、根皮（地骨皮）等可入药，也可制酒、泡茶或煲汤饮用。

《周南·关雎》

关关雎鸠，在河之洲。
窈窕淑女，君子好逑。

《毛传》：『雎鸠，王雎也，鸟挚而有别。』

《集传》：『生有定偶而不相乱，偶常并游而不相狎，故毛《传》以为挚而有别。』

《本草纲目》：『鹗，雕类也。似鹰而土黄色，深目好峙。雄雌相得，挚而有别，交则双翔，别则异处。能翱翔水上，捕鱼食，江表人呼为食鱼鹰。』

雎鸠

《诗经名物图解》/日本江户时代的儒学者细井徇撰绘/原本现藏于日本国立国会图书馆

雎鸠究竟是什么鸟，历来意见不一，有鹗、鸬鹚、天鹅、斑鸠、鸿雁、东方大苇莺等多种意见，其中以鹗为主流。鹗，别名鱼鹰、鱼江鸟等。栖息或活动于江河、湖沼、水库、海岸等大面积水域，营巢于海岸和岛屿的岩礁上，巢径可达两米，常单独和成双活动。主要以鱼类为食，也捕食蛙、蜥蜴、小型鸟等。属国家二级保护动物。

《秦风·黄鸟》

交交黄鸟，止于棘。
谁从穆公？子车奄息。
维此奄息，百夫之特。

《毛传》：『黄鸟，抟黍也。』
《小雅·黄鸟》：『黄鸟黄鸟，无集于榖，无啄我粟。』
《尔雅义疏》：『按此即今之黄雀，其形如雀而黄，故名黄鸟，又名抟黍，非黄离留也。』

黄鸟

《诗经名物图解》／日本江户时代的儒学者细井徇撰绘／原本现藏于日本国立国会图书馆

黄鸟，别名金雀、芦花黄雀等，主食赤杨、桦、榆、松等树木的果实、种子和嫩芽，也吃作物和杂草籽及少量昆虫。生活于林地、树丛或村落、农田，有群集性，迁徙时可达数百只一群，活泼好动。因其容易驯熟，歌唱期长，我国北方常笼养为观赏鸟。

《豳风·东山》

我徂东山，慆慆不归。
我来自东，零雨其濛。
仓庚于飞，熠耀其羽。
之子于归，皇驳其马。

《毛传》：『仓庚，离黄也。』
《郑笺》：『温而仓庚又鸣，可蚕之候也。』
《本草纲目》：『其色黄而带黧，故有黄鹂诸名。……立春后即鸣，麦黄椹熟时尤甚，其音圆滑，如织机声，乃应节趋时之鸟也。』

仓庚

仓庚，即黄鹂。又名黄莺、青鸟、金衣公子等，主要以蝗虫、蚱蜢等昆虫为食，也吃浆果、种子和花。生活于山陵、河谷的阔叶林中，常单独和成双或以家族为群活动。因其姿色艳丽，鸣声婉转喜人，常被饲养为观赏鸟。古人认为春日气候和暖、黄鹂开始鸣叫之时，即是开始采蘩生蚕的时候。

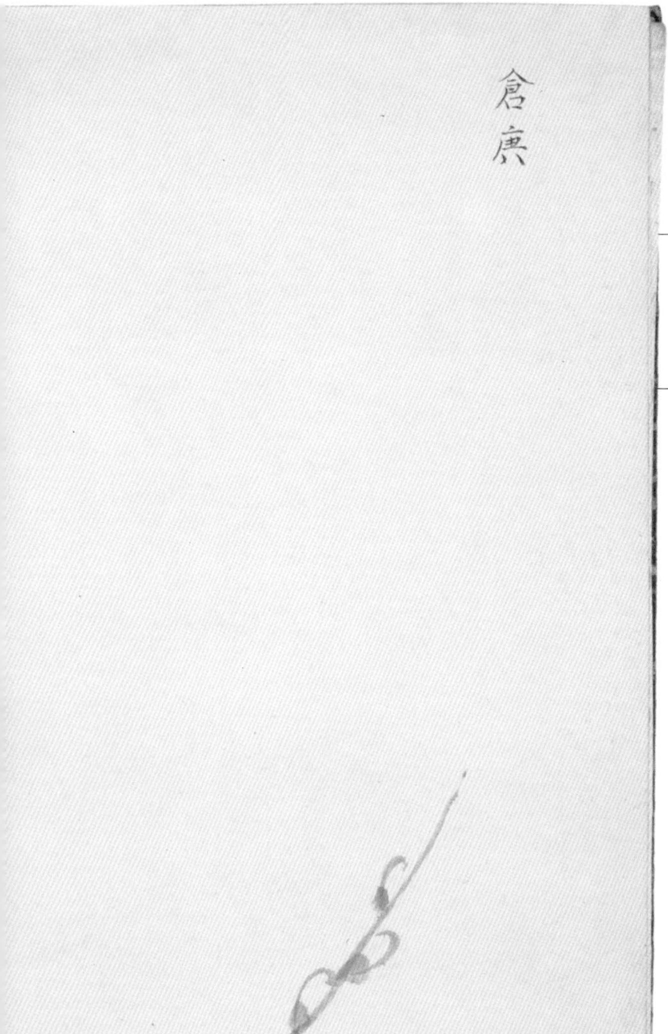

《小雅·车舝》

依彼平林，有集维鷮。
辰彼硕女，令德来教。
式燕且誉，好尔无射。

《毛传》：『鷮，雉也。』
《本草纲目》：『自爱其尾，不入丛林，雨雪则岩伏木栖，不敢下食，往往饿死。故师旷云：雪封枯原，文禽多死。南方隶人，多插其尾于冠。其肉皆美于雉。传云：四足之美有麃，两足之美有鷮。』

鸐

《诗经名物图解》／日本江户时代的儒学者细井徇撰绘／原本现藏于日本国立国会图书馆

鸐，即白冠长尾雉，别名山雉、山鸡、长尾野鸡等。栖息于海拔五百至两千米的山地森林中，尤喜在山谷地带针叶树较多的林区。冬季常成群活动。性机警，善奔跑，飞行速度快而持久。且走且鸣，性勇好斗，求偶时常发出『咕咕咕』的叫声。主要以植物的果实、幼叶等为食，繁殖季节也食蚱蜢等昆虫及幼虫。可饲为观赏鸟。属国家二级保护鸟类。

《邶风·旄丘》

琐兮尾兮，流离之子。
叔兮伯兮，褎如充耳！

《毛传》：『鹠，恶声之鸟也。』

《本草纲目》：『鹠，即今俗所呼幸胡者是也，处处山林时有之。少美好而长丑恶，状如母鸡，有斑文，头如鸲鹆，目如猫目，其名自呼，好食桑葚。……北方枭鸣，人以为怪。南中昼夜飞鸣，与乌、鹊无异。』

流离

流离，古注上一释为枭，一释为仓庚。枭与鸮同物异名，古时为鸮形目多种鸟类的通称或异称，又称山鸮、辛胡等。绝大多数为夜行性，昼伏夜出，偶有白天活动，常在飞行时颠簸不稳。鸣声令人生畏，即所谓『恶声』。民间迷信视其为『不祥』之鸟。肉食性，掠食昆虫、蛙、小鸟和中小型哺乳动物等。古人认为鸮鸟食母，所以鸮鸟又被称为『不孝之鸟』。

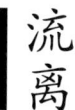

《郑风·女曰鸡鸣》

女曰：『鸡鸣。』
士曰：『昧旦。』
『子兴视夜，明星有烂。』
『将翱将翔，弋凫与雁。』

《集传》：『凫，水鸟。如鸭，青色，背上有文。』

《本草纲目》：『凫，东南江海湖泊中皆有之。数百为群，晨夜蔽天而飞，声如风雨，所至稻粱一空。……肥而耐寒。或云食用绿头者为上，尾尖者次之。』

凫

《诗经名物图解》/日本江户时代的儒学者细井徇撰绘/原本现藏于日本国立国会图书馆

凫,即野鸭,古时泛指鸭科多种鸟类,如绿头鸭、白眉鸭等。有时专指绿头鸭。别名沉凫、青边等,栖息于江河、湖泊、沼泽、池塘的芦苇丛中,杂食性,以植物的茎、根、叶、芽、杂草种子及水生昆虫、贝类等为食。为经济水禽,一直是狩猎对象之一,肉质美,古时作贡品,称宫鸭或对鸭。绒羽质量上乘,雄鸟彩色羽毛可作装饰羽用。

《秦风·晨风》

鴥彼晨风，郁彼北林。
未见君子，忧心钦钦。
如何如何？忘我实多！

《陆疏》："一名鹯。似鹞，青黄色，燕颔钩喙。向风摇翅，乃因飞急，疾击鸠鸽燕雀，食之。"

《本草纲目》："鹯，色青，向风展翅迅摇，搏捕鸟雀，鸣则大风，一名晨风。"

晨風

晨风

《诗经名物图解》/日本江户时代的儒学者细井徇撰绘/原本现藏于日本国立国会图书馆

晨风，即鹯，一种鹞类猛禽。现今有学者认为其为燕隼。燕隼，别名青条子、蚂蚱鹰、燕虎等。栖息于稀疏林区、村庄附近的开阔地带，常单独或成对活动。叫声尖利而重复。飞行犹如闪电。昼行性，觅食大都在清晨或黄昏中，主要捕捉雀形目小型鸟类，也捕食蜻蜓、金龟子等昆虫。很少自己营巢，多占用乌鸦、喜鹊的旧巢。属国家二级保护动物。

《豳风·鸱鸮》

鸱鸮鸱鸮，既取我子，无毁我室。恩斯勤斯，鬻子之闵斯。

《陆疏》：『鸱鸮，似黄雀而小，其喙尖如锥，取茅莠为巢……县著树枝，或一房，或二房……或曰巧妇，或曰女匠。关东谓之工雀，或谓之过羸。关西谓之桑飞，或谓之袜雀，或曰巧女。』

《本草纲目》：『此物有二种：鸱鸺大如鸱鹰，黄黑斑色，头目如猫，有毛角两耳。昼伏夜出，鸣则雌雄相唤，其声如老人，初若呼，后若笑，所至多不祥。』

鸱鸮

鸱鸮

《诗经名物图解》／日本江户时代的儒学者细井徇撰绘／原本现藏于日本国立国会图书馆

鸱鸮一释为小鸟，为鹪鹩，又名桃虫、巧妇、桃雀等。体型小于麻雀，擅鸣唱，且因善于营筑精美巢穴而得巧妇之名。巢常被杜鹃产卵寄生，多为杜鹃哺育雏鸟。二释为猛禽，主要指鸺鹠，即俗称猫头鹰。昼伏夜出，掠食昆虫、蛙、小型鸟类和哺乳动物等。

《陈风·宛丘》

坎其击鼓，宛丘之下。
无冬无夏，值其鹭羽。

《毛传》：『鹭鸟之羽，可以为翳。』
《本草纲目》：『鹭，水鸟也。林栖水食，群飞成序。洁白如雪，颈细而长，脚青善翘，高尺余，解指短尾，喙长三寸。顶有长毛十数茎，毵毵然如丝，欲取鱼则弭之。』

鹭

鹭，即鹭鸶。别名白鸟、丝禽、雪客等，是鹭类中常见的一种，常简称为白鹭。栖息于平原、丘陵、湖泊、水田、河流、沼泽、池塘地带，常三五成群活动，晚上于栖息地则有成百只集群。生性机警胆小，稍遇惊扰或很远见人即飞。常曲缩一脚于腹下，仅以一脚停立于浅水间，姿态十分优雅。

《豳风·七月》

七月鸣鵙，八月载绩。
载玄载黄，我朱孔阳，为公子裳。

《毛传》：『鵙，伯劳也。』
《郑笺》：『伯劳鸣，将寒之候也。』
《本草纲目》：『夏鸣冬止，乃《月令》候时之鸟。《本草》不著形状，而后人无谓之者。』

䴗

䴗，即伯劳。栖息于平原、低山、丘陵的开阔地带，常见于农田、果园、林旁及树丛间活动。性凶猛，嘴、爪强健有力，以捕食昆虫为主，也吃小鸟、蛙、蜥蜴、小蛇、啮齿类动物等，甚至击杀比它自己还大的鸟。好居于高空树冠、电缆之上鸣叫，悠扬悦耳。古人认为伯劳夏至开始鸣叫，冬至而止，是一种『候时之鸟』。

《豳风·东山》

我徂东山，慆慆不归。
我来自东，零雨其濛。
鹳鸣于垤，妇叹于室。
洒扫穹窒，我征聿至。
有敦瓜苦，烝在栗薪。
自我不见，于今三年。

《毛传》：『鹳好水，长鸣则喜也。』

《禽经》：『鹳仰鸣则晴，俯鸣则阴。又鹳生三子，一为鹤，巽极成震，阴变为阳，震为鹤，巽为鹳。』

《本草纲目》：『鹳似鹤而顶不丹，长颈赤喙，色灰白，翅尾俱黑。多巢于高木。』

鹳

鹳，鹳科鸟类的通称，又称皂君、捞鱼鹳等。喜集群，性安详温顺。飞行、行走皆缓慢，休息时常以一足站立。主要捕食鱼类、蛙类、贝类、蜥蜴和蝗虫，有时也食蛇类和鼠类。白鹳不会鸣叫，求偶或受惊时以上下喙互相拍击，发出响亮的『哒哒』声。营巢于高树上，巢为大型车轮状皿形。为国家一级保护动物。

《小雅·常棣》

脊令在原，兄弟急难。
每有良朋，况也永叹。

《毛传》：『脊令，雝渠也，飞则鸣，行则摇，不能自舍耳。』

《陆疏》：『脊令……长脚，长尾，尖喙。背上青灰色，腹下白，颈下黑，如连钱，故杜阳人谓之连钱。』

《集览》：『《禽经》：鹡鸰友悌。注：鹡鸰共母者，飞鸣不相离，诗人取以喻兄弟相友之道也。』

脊令

《诗经名物图解》／日本江户时代的儒学者细井徇撰绘／原本现藏于日本国立国会图书馆

脊令是鹡鸰科各种鸟类的通称，常见物种有白鹡鸰、灰鹡鸰等。白鹡鸰，别名白面鸟、点水雀等。栖息于河溪湖塘岸边、沼泽、湿地、稻田等近水的开阔地带，常单独活动，或成对或三五成小群觅食。且飞且鸣，鸣声似『脊令——脊令——』，停栖时尾部不停摇动。主要以昆虫及其幼虫为食，偶食植物种子、浆果和小鱼等，属于受保护鸟类。常以脊令喻兄弟友爱互助，急难相顾。

《小雅·斯干》

约之阁阁，椓之橐橐。
风雨攸除，鸟鼠攸去，君子攸芋。
如跂斯翼，如矢斯棘。
如鸟斯革，如翚斯飞，君子攸跻。

《郑笺》：『伊洛而南，素质、五采皆备，成章曰翚。……翚者，鸟之奇异者也。』

《集传》：『翚，雉。』

《本草纲目》：『雉，南北皆有之。形大如鸡，而斑色绣翼。雄者文采而尾长，雌者文暗而尾短。其性好斗。』

翚

《诗经名物图解》／日本江户时代的儒学者细井徇撰绘／原本现藏于日本国立国会图书馆

翚

翚，指有五彩羽毛的雉。雉，别名野鸡、山鸡等。栖于山麓、丘陵、农田、河岸等不同高度的开阔林地、灌木丛、半荒漠及农耕地。善奔走，不能久飞。以植物的浆果、种子、嫩叶茎芽、谷物、草籽和部分昆虫为食。雉类的雄性常有极其华美的羽毛，深受人们喜爱，自古多取其尾羽作装饰之用。

《小雅·桑扈》

交交桑扈，有莺其羽。
君子乐胥，受天之祜。
交交桑扈，有莺其领。
君子乐胥，万邦之屏。

《毛传》：『桑扈，窃脂也。』
《陆疏》：『桑扈，青雀也。好窃人脯肉脂及筒中膏，故曰窃脂。』
《品物图考》：『《淮南子》云：「马不食脂，桑扈不食粟。」此鸟不食粟，亦是一说，然殊不然。』

桑扈

桑扈，即蜡嘴雀，又名窃脂、青雀等。有黑头蜡嘴雀、黑尾蜡嘴雀等多种，黑尾蜡嘴雀较常见。黑尾蜡嘴雀栖息于平原、山地、河谷地带的林中，也到农田、村庄、公园或居民区。性喜集群，鸣声为连串的哨音和颤音。主要以树木的种子和果实、禾谷类作物与杂草种子为食，繁殖季节也吃鳞翅目等昆虫。有人笼养作观赏鸟，或驯养调教后上架表演。

《小雅·鸳鸯》

鸳鸯于飞，毕之罗之。
君子万年，福禄宜之。
鸳鸯在梁，戢其左翼。
君子万年，宜其遐福。

《毛传》：『鸳鸯，匹鸟。』

《本草纲目》：『鸳鸯终日并游，有宛在水中央之意也。或曰：雄鸣曰鸳，雌鸣曰鸯。崔豹《古今注》云：鸳鸯雌雄不相离，人得其一，则一相思而死，故谓之匹鸟。……栖于土穴中，大如小鸭。』

鸳鸯

《诗经名物图解》/日本江户时代的儒学者细井徇撰绘/原本现藏于日本国立国会图书馆

鸳鸯，一种亮斑冠鸭，别名黄鸭、匹鸟等，我国特产鸟类。栖息于内陆湖泊、山麓江河溪流和沼泽地，也出现于苇塘、水田或水库。善于游泳和行走，飞行力强。以青草、草籽、谷物等植物性食物为主，也食昆虫、小鱼虾等小动物。为国家二级重点保护动物，著名的观赏鸟类。

鸥鸟

《大雅·凫鹥》

凫鹥在泾,公尸来燕来宁。
尔酒既清,尔殽既馨。
公尸燕饮,福禄来成。

《毛传》:"鹥,凫属。"
《本草纲目》:"鸥者浮水上,轻漾如沤也。鹥者,鸣声也。鹢者,形似也。在海者名海鸥,在江者名江鸥,江夏人讹为江鹅也。海中一种随潮往来,谓之信凫。鸥生南方江海湖溪间。形色如白鸽及小白鸡,长喙长脚,群飞耀日,三月生卵。"

鹥

鹥，即鸥，又称江鹅、信凫等。鸥是鸥科鸟类的通称，常见种有红嘴鸥、黑尾鸥等。红嘴鸥，别名笑鸥、钓鱼郎等。栖息于江河、湖泊、海滨、水库或鱼塘，常结小群活动，冬季可集大群。活动时常发出『哈——哈——哈——』的叫声，故得名笑鸥。主要以小鱼、虾、水生昆虫等为食，也吃小动物尸体、人类丢弃的食物残渣等。繁殖期雌雄轮流孵卵。

《周颂·小毖》

肇允彼桃虫，拼飞维鸟。未堪家多难，予又集于蓼。

《毛传》：『桃虫，鹪也，鸟之始小终大者。』

《本草纲目》：『鹪鹩处处有之。生蒿木之间，居藩篱之上，状如黄雀而小，灰色有斑，声如吹嘘，喙如利锥。取茅苇毛毳而窠，大如鸡卵，而系之以麻发，至为精密。悬于树上，或一房、二房。故曰巢林不过一枝，每食不过数粒。小人畜驯，教其作戏也。』

桃虫

桃虫，即鹪鹩。别名巧妇、山蝈蝈儿等。栖息于山地、溪谷的林草、灌丛中。擅鸣唱，鸣声清脆响亮。因善于营筑精美巢穴而得『巧妇』之名。巢深碗状或圆屋顶状，以细枝叶、苔藓、羽毛等物交织而成，于一侧开孔出入。其巢穴常被大杜鹃产卵寄生，多为杜鹃哺育雏鸟。以蚊、蝗虫、蚂蚁等为食，吃青娥、天牛等多种农林害虫，为农林益鸟。

《小雅·何草不黄》

匪兕匪虎，率彼旷野。
哀我征夫，朝夕不暇。

《毛传》：『兕觥，角爵也。』

《集传》：『兕，野牛。一角，青色，重千斤。』

《本草纲目》：『有山犀、水犀、兕犀三种，又有毛犀似之。山犀居山林，人多得之；水犀出入水中，最为难得。并有二角，鼻角长而额角短。水犀皮有珠甲，而山犀无之。……犀角纹如鱼子形，谓之粟纹。纹中有眼，谓之粟眼。』

兕

兕，即独角犀。别名印度犀，俗称犀牛。栖息于亚热带潮湿茂密的丛莽草地、沼泽草原。独居或两只同栖，夜行性。嗅觉、听觉灵敏，视觉差。行动迟缓，喜欢泥浴。以细树枝叶、野草、芦苇、竹等为食。寿命可达五十年。古人食犀肉、用其皮革制铠甲，用犀角所制酒器，称兕觥。

《召南·野有死麕》

野有死麕，白茅包之。
有女怀春，吉士诱之。

《集传》：『麕，獐也。鹿属，无角。』

《本草纲目》：『麞秋冬居山，春夏居泽。似鹿而小，无角，黄黑色，大者不过二三十斤。雄者有牙出口外，俗称牙麞。其皮细软，胜于鹿皮，夏月毛毨而皮厚，冬月毛多而皮薄也。』

麕

麕，即獐。别名土麝、香獐等。栖息于草坡、灌丛，尤喜芦苇丛生的河岸、湖边、沼泽等潮湿环境。多单独或成对活动，不结大群。善游泳。常蹿跳式行动，灵敏迅速。主食芦苇、杂草、灌木嫩叶等，也到农田吃蔬菜、豆科作物等。是传统狩猎动物，肉可食，皮可制革，骨、肉、髓等可入药。为国家二级保护动物。

鹿

《小雅·鹿鸣》

呦呦鹿鸣，食野之苹。
我有嘉宾，鼓瑟吹笙。
吹笙鼓簧，承筐是将。
人之好我，示我周行。

《集传》：『鹿，兽名，有角。』

《本草纲目》：『鹿，处处山林有之。马身羊尾，头侧而长，高脚而行速。牡者有角，夏至则解，大如小马，黄质白斑，俗称马鹿。牝者无角，小而无斑，毛杂黄白色，俗称麀鹿，孕六月而生子。』

《诗经名物图解》/日本江户时代的儒学者细井徇撰绘/原本现藏于日本国立国会图书馆

鹿

鹿，鹿科动物的通称。大多在森林中群居生活，以植物芽叶为食。其中梅花鹿是国家一级保护动物。梅花鹿，栖息于山地、丘陵的针阔叶混交林、林缘和草原地区。多集群活动，春季多采食乔木等的嫩枝叶和草的嫩芽；夏、秋季采食藤本和草本植物；冬季则采食成熟的果实、种子及苔藓地衣类植物。夏季有舔食盐土的习性。梅花鹿的肉、茸、血、胎、骨、筋、尾、角、髓等均可入药。

《召南·野有死麕》

『舒而脱脱兮！
无感我帨兮！
无使尨也吠！』

《毛传》：『尨，狗也。』

《本草纲目》：『狗，叩也。吠声有节，如叩物也。或云为物苟且，故谓之狗，韩非云「蝇营狗苟」，是矣。……许氏《说文》云：多毛曰尨。』

尨

尨

尨,指多毛的狗,即长毛狗。犬,别名狗、黄耳、地羊等,是人类生活中的得力助手和友好伙伴。家狗是人类最早驯化的家畜之一,大多认为是由古代某种狼演化而来。

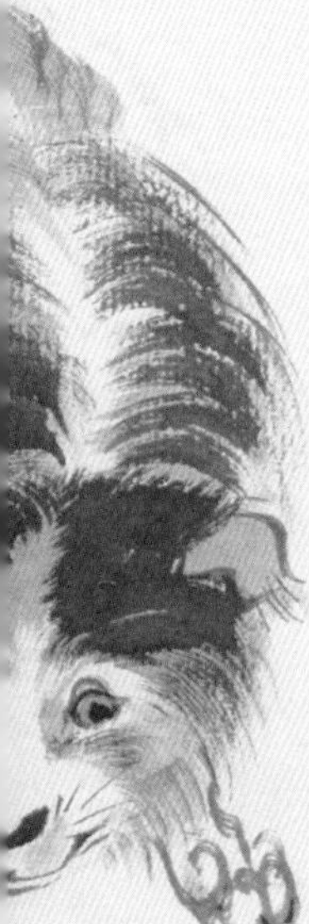

《小雅·吉日》

既张我弓，既挟我矢。
发彼小豝，殪此大兕。
以御宾客，且以酌醴。

《毛传》：『豕牝曰豝。』
《小雅·吉日》：『发彼小豝，殪此大兕。』
《说文》：『豝，牝豕也。一曰一岁，能相把拏也。』
《本草纲目》：『牡曰豭，曰牙；牝曰彘，曰豝。』

豝

豝，指牝豕，即母猪。猪有家猪和野猪之分。野猪，别名山猪等，栖息于山林、灌丛、草地及林缘农区。嗅觉灵敏，善奔跑，耐力强。食性杂，从植物的幼嫩枝叶、果实等到兔、鼠等，甚至蛇蝎蜈蚣等都可为食，也到村落附近盗食农作物。家猪由野猪驯化而成，我国各地皆有饲养。

《豳风·七月》

一之日于貉，
取彼狐狸，
为公子裘。

《毛传》：『于貉，谓取狐狸皮也。狐貉之厚以居。』
《集传》：『貉，狐狸也。』
《本草纲目》：『貉生山野间。状如狸，头锐鼻尖，斑色。其毛深厚温滑，可为裘服。与獾同穴而异处，日伏夜出，捕食虫物，出则獾随之。其性好睡，人或畜之，以竹扣醒，已而复寐。……俚人又言其非好睡，乃耳聋也，故见人乃知趋走。』

貉

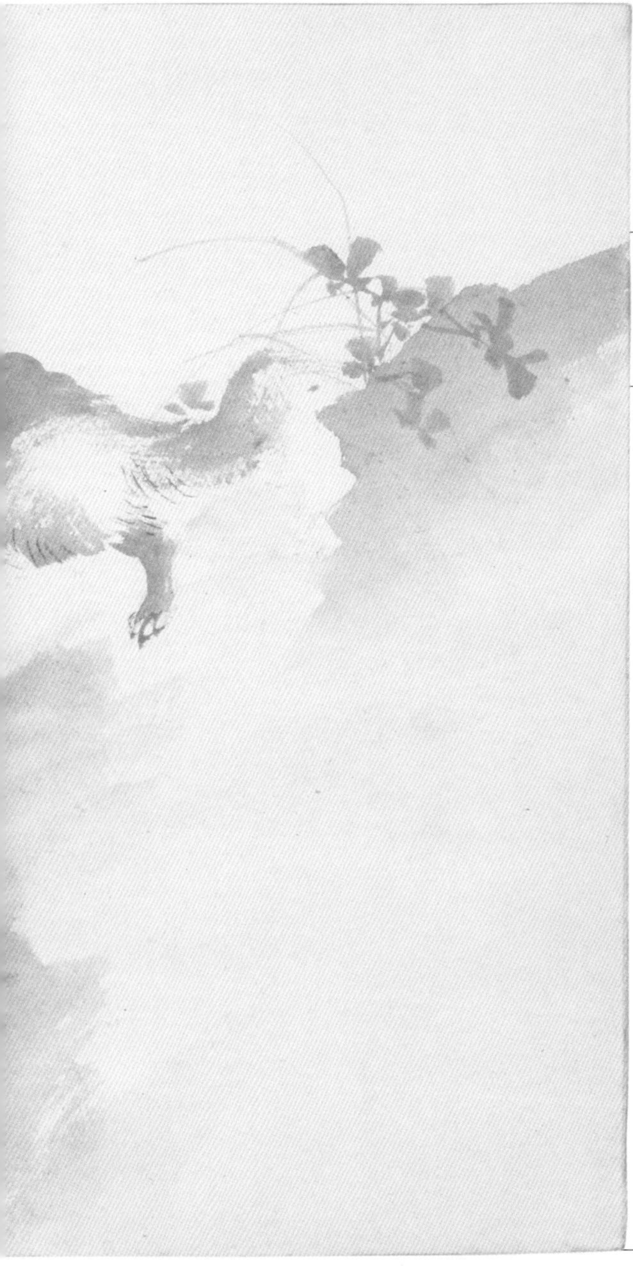

貉

貉，别名狸、土狗、毛狗等。外形似狐而略小，较肥胖。栖息于平原、丘陵、河谷、草原及河川、溪流附近林区，穴居，洞穴多露天，独居或成小群。昼伏夜出，行动不敏捷，听觉不灵，能攀树和游水。叫声低沉。食性杂，主要取食鱼、虾、蛇、蛙、昆虫等动物，也吃浆果等植物性食料。其皮毛制衣帽轻暖耐久；针毛适于制造画笔、化妆刷。

《小雅·巷伯》

彼谮人者，谁适与谋？
取彼谮人，投畀豺虎。
豺虎不食，投畀有北。
有北不受，投畀有昊！

《尔雅》：『豺，狗足。』
《说文》：『豺，狼属，狗声。』
《本草纲目》：『其形似狗而颇白，前矮后高而长尾，其体细瘦而健猛……其牙如锥而噬物，群行虎亦畏之，又喜食羊。其声如犬，人恶之，以为引魅不祥。其气臊臭可恶。』

豺

豺，别名豺狗、赤毛狼等。外形与狼、狗等相近。栖息于山地或丘陵的森林中。不会挖掘洞穴，居住于岩石缝隙、天然洞穴，或隐匿于灌丛之中。喜群居。性情凶残，耐力极强，听觉和嗅觉发达，行动敏捷，善于跳跃。常捕食鹿科动物及羚羊等。肉和胃可入药，有滋补行气的功效。为国家二级保护动物。

《小雅·角弓》

毋教猱升木，如涂涂附。
君子有徽猷，小人与属。

《郑笺》：『猱之性善登木，若教使其为之，必也。』

《本草纲目》：『猴，处处深山有之。状似人，眼如愁胡，而平颊陷嗛，嗛音歉，藏食处也。腹无脾以行消食，尻无毛而尾短。手足如人，亦能竖行。声嗝嗝若咳。孕五月而生子，生子多浴于涧。』

猱

《诗经名物图解》/日本江户时代的儒学者细井徇撰绘/原本现藏于日本国立国会图书馆

猱,即猕猴,别名猢狲、猴子等。我国常见的一种猴类。多栖息于山间、沟谷及江河岸边的密林中或疏林岩石上,群居性动物。猱喜好喧哗玩闹,极善攀援跳跃。杂食性,主要取食野果等,也喜食昆虫、鸟蛋等。属国家二级保护动物。

《陈风·衡门》

岂其食鱼，必河之鲤？
岂其取妻，必宋之子？

《梦溪笔谈》：『鲤鱼当胁一行三十六鳞，鳞有黑文如十字，故谓之鲤。文从鱼、里者，三百六十也。』

《本草纲目》：『其胁鳞一道，从头至尾，无大小，皆三十六鳞，每鳞有小黑点。诸鱼惟此最佳，故为食品上味。鲤为诸鱼之长，形既可爱，又能神变，乃至飞越江湖，所以仙人琴高乘之也。』

鲤

鲤，即鲤鱼，别名红鱼等。生活于沿岸水草丰盛的水体中下层，杂食性，主要以蚌类等底栖动物、摇蚊幼虫等昆虫及小鱼虾为食，也吃水草和丝状藻类。生长速度快。冬季沉伏于河底冬眠。常被养殖以供食用，是我国主要的淡水经济鱼类。古人有崇尚鲤鱼的风俗，视之为灵物和吉祥象征。

《小雅·鱼丽》

鱼丽于罶，鲂鳢。
君子有酒，多且旨。

《毛传》：『鳢，鲖也。』
《本草纲目》：『形长体圆，头尾相等，细鳞，玄色，有斑点，花文颇类蝮蛇，有舌有齿有肚，背腹有鬣连尾，尾无歧。形状可憎，气息腥恶，食品所卑。南人有珍之者，北人尤绝之。』

鳢

鳢，即乌鳢。别名文鱼、黑鱼、生鱼等。多生活在水草丛生的缓流或静水水体淤泥底，性凶猛，贪食，成鱼以其他鱼类为食，食物缺乏时亲鱼会吞食仔鱼。为我国淡水名贵鱼类，肉味鲜美，含脂量少，食疗可补脾利水，宜于病后康复和老幼体虚者滋补食用。

《小雅·鱼丽》

鱼丽于罶，鰋鲤。
君子有酒，旨且有。

《毛传》：『鰋，鲇也。』
《尔雅》：『鲇。』郭注：『别名鳀，江东呼鲇为鮧。』
《本草纲目》：『鲇乃无鳞之鱼，大首偃额，大口大腹……有齿有胃有须。生流水者，色青白；生止水者，色青黄。大者亦至三四十斤，俱是大口大腹，并无口小者。』

𬶋

𬶋，即鲇鱼，别名鲶鱼、绵鱼等。底栖性，多生活在池塘、河川、湖泊、沟渠等的中下水层，性较安静，白天多隐藏于水草丛中或河底的坑洞、石缝，夜间活动觅食。以各种鱼虾螺蚌、水生昆虫等为食，极贪食，适应能力强。秋后于深水洞穴集小群越冬。肉质细嫩、美味少刺，是一种名贵淡水食用鱼类，古人认为可以和鱼翅、野生甲鱼相媲美。卵有毒，人误食会中毒。

《大雅·行苇》

曾孙维主，酒醴维醹。酌以大斗，以祈黄耇。

黄耇台背，以引以翼。寿考维祺，以介景福。

《毛传》：『台背，大老也。』

《郑笺》：『台之言鲐也，大老则背有鲐文。』

《释诂》：『鲐背、耇、老，寿人也。』

鲐

鲐，也作『台』，台背，通『鲐背』，人年老则背有鲐鱼样斑纹，为长寿的象征，并代指长寿的老人。鲐鱼，别名油筒鱼、青花鱼等。游泳力强，避害时机敏迅速；有趋光性，有昼夜垂直移动现象，常结群起浮。食性广，主要摄食浮游甲壳动物和鱼类。供食用，可鲜销、盐渍和制罐，肝可制鱼肝油。鲐鱼和鲅鱼为同科鱼类，故常被误认为是同一种鱼，通称为鲐鲅鱼。

《周南·螽斯》

螽斯羽，诜诜兮。
宜尔子孙，振振兮。
螽斯羽，薨薨兮。
宜尔子孙，绳绳兮。
螽斯羽，揖揖兮。
宜尔子孙，蛰蛰兮。

《毛传》：『螽斯，蚣蝑也。』

《集传》：『螽斯，蝗属。长而青角，长股，能以股相切作声。一生九十九子。』

《本草纲目》：『蝗亦螽类，大而方首，首有王字。沴气所生，蔽天而飞，性畏金声。北人炒食之。一生八十一子。冬有大雪，则入土而死。』

螽斯

《诗经名物图解》/日本江户时代的儒学者细井徇臆绘/原本现藏于日本国立国会图书馆

螽斯、斯螽乃异名同物，古时和蝗虫一起归为螽类。因秦汉以后书面文字以蝗来代替螽，所以将螽释为蝗虫。蝗虫，又称蚱蜢、蚂蚱等，多数种类为植食性，以叶片为食，过境之处可将植物叶片啃食殆尽。主要栖息于山区、森林、半干旱区、草原等。现东亚飞蝗和中华稻蝗为主要的养殖蝗虫种类，因富含蛋白质，肉质鲜嫩而成为美味食品，入药用有健脾消食、息风止痉、止咳平喘等功效。

《召南·草虫》

喓喓草虫，趯趯阜螽。
未见君子，忧心忡忡。
亦既见止，亦既觏止，我心则降。

《毛传》：『草虫，常羊也。』
《陆疏》：『大小长短如蝗也，奇音青色，好在茅草中。』
《本草纲目》：『数种皆类蝗，亦能害稼。五月动股作声，至冬入土穴中。』

草虫

草虫，即草螽，又名常羊等，种类繁多，通常在名称上加上某种特征作为称呼，如悦鸣草螽、华北草螽等。多数类群以捕食其他昆虫而食，兼食植物的嫩茎、叶、花和果实，部分种类为完全植食性。栖息于庄稼、草丛、灌丛和绿篱中，植食性种类多对农作物造成危害。螽斯总科昆虫以善鸣著称，主要种类有素色似织螽、优雅蝈螽等。优雅蝈螽即通常所说的蝈蝈。

《卫风·硕人》

手如柔荑，肤如凝脂，
领如蝤蛴，齿如瓠犀，螓首蛾眉。
巧笑倩兮，美目盼兮。

《毛传》：『蝤蛴，蝎虫也。』
《集传》：『蝤蛴，木虫之白而长者。』
《尔雅翼》：『蝤蛴在腐柳中者，内外洁白，故诗人以比硕人之领。』
《本草纲目》：『蝤蛴一名蝎，一名蠹，在朽木中食木心，穿木如锥。』

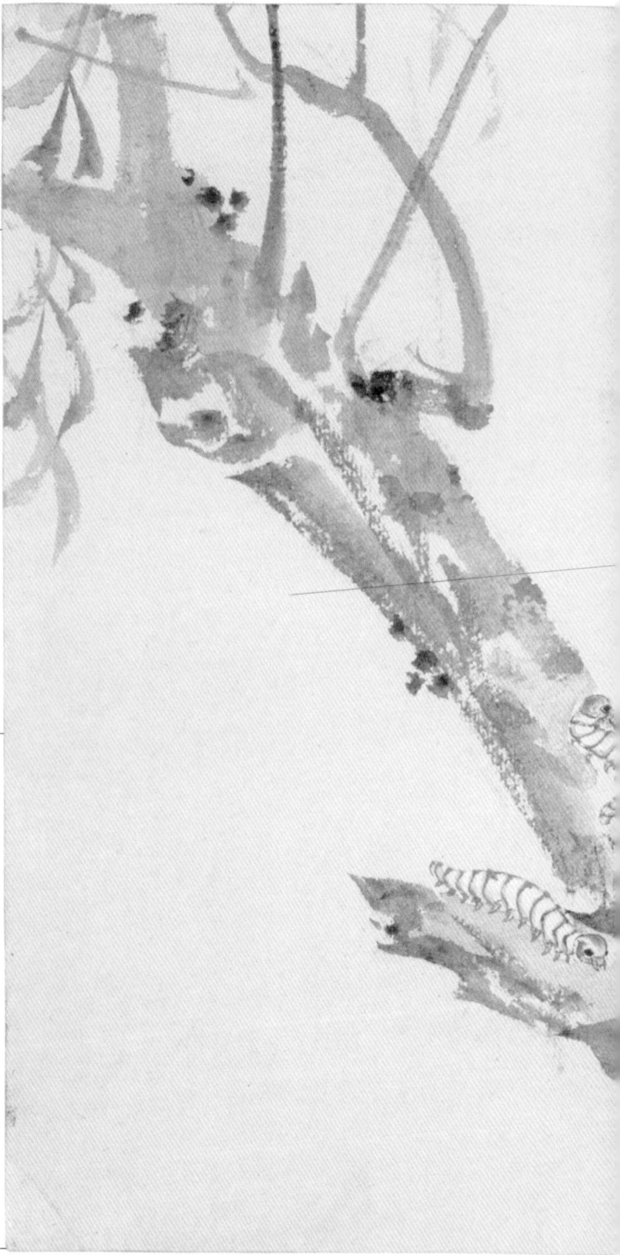

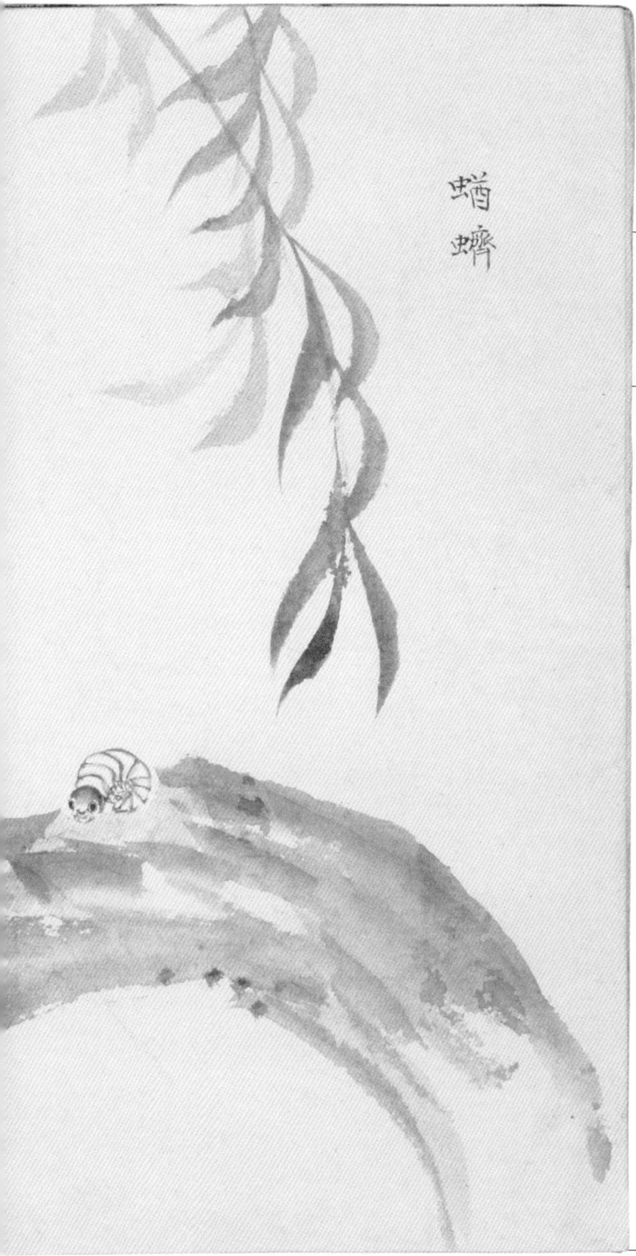

蝤蛴

蝤蛴，又名蝎虫、蛀虫等，为天牛的幼虫。天牛，别名天水牛、牛角虫等，是昆虫纲天牛科昆虫的总称。种类很多，危害普遍，有些是林业生产、作物栽培和建筑木材上的重要害虫。天牛幼虫淡黄或白色，呈长圆形，后常以蝤蛴来比喻女子颈项之美。其捕食和寄生的天敌有啄木鸟、喜鹊等鸟类，肿腿蜂等寄生蜂，及壁虎和寄生线虫等。

《曹风·蜉蝣》

蜉蝣之羽，衣裳楚楚。
心之忧矣，于我归处。
蜉蝣之翼，采采衣服。
心之忧矣，于我归息。
蜉蝣掘阅，麻衣如雪。
心之忧矣，于我说归。

《毛传》：『蜉蝣，渠略也。朝生夕死，犹有羽翼以自修饰。』

《陆疏》：『蜉蝣，方土语也，通谓之渠略，似甲虫，有角，大如指，长三四寸，甲下有翅，能飞。夏月阴雨时地中出。今人烧炙啖之，美如蝉也。樊光曰：是粪中蝎虫随雨而出，朝生而夕死。』

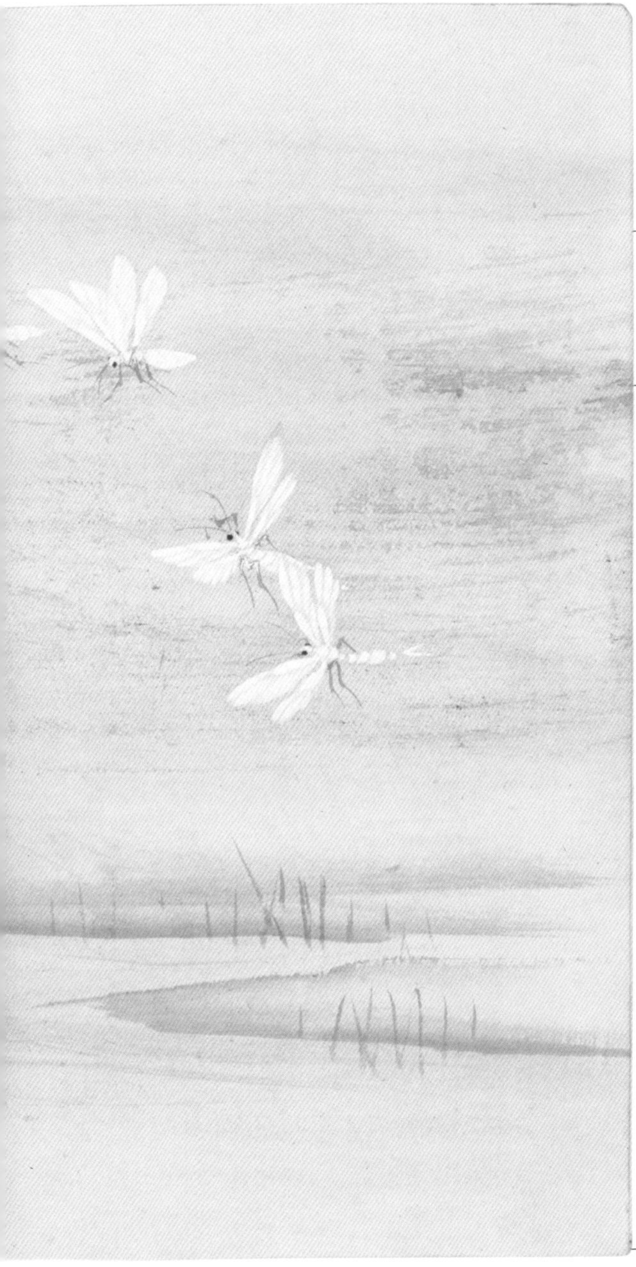

蜉蝣

蜉蝣，又称渠略、蜉蝤等，蜉蝣目昆虫的通称。具有古老而特殊的性状，是最原始的有翅昆虫。稚虫水生。稚虫期蜕皮二十至二十四次，多者可达四十次，经三年后变为成虫。出水后停留在附近植物上，经二十四小时左右蜕皮为成虫。成虫不食，一般只活几小时至数天，故有『朝生暮死』之说，是寿命最短的昆虫。栖息于淡水湖溪之中，性活泼，吃高等水生植物和藻类。其稚虫和成虫是许多淡水鱼类的重要食料。

《小雅·小弁》

菀彼柳斯，鸣蜩嘒嘒。
有漼者渊，萑苇淠淠。
譬彼舟流，不知所届。
心之忧矣，不遑假寐。

《毛传》：『蜩，蝉也。』
《本草纲目》：『蝉，诸蜩总名也。……俱方首广额，两翼六足，以胁而鸣，吸风饮露，溺而不粪。古人食之，夜以火取，谓之耀蝉。』

蜩

蜩，即蝉。俗称知了，是蝉科多种蝉类昆虫的通称。其中体大而色黑者，即黑蚱蝉，别名秋蝉、知了等。成虫多栖于柳、槐、榆、枫、杨及苹果、梨、桃、杏等阔叶树木上，以刺吸式口器吸食汁液，为害树木；雌蝉产卵部位以下枝条可枯死断落；孵化后若虫钻入土中生活，吸取植物根部汁液，发育四年，经几次蜕皮羽化为成虫，六月下旬挖隧道钻出地面，继续为害树木。若虫蜕皮称蝉蜕，可入药。

《豳风·七月》

五月斯螽动股，六月莎鸡振羽。
七月在野，八月在宇，
九月在户，十月蟋蟀入我床下。

《毛传》：『莎鸡羽成而振讯之。』

《陆疏》：『莎鸡，如蝗而斑色，毛翅数重，其翅正赤，或谓之天鸡。』

《尔雅翼》：『莎鸡，振羽作声。其状头小而羽大，有青褐两种，率以六月振羽作声，连夜札札不止。其声如纺丝之声。故一名梭鸡，一名络纬，今俗人谓之络丝娘，盖其鸣时又正当络丝之候。』

莎鸡

《诗经名物图解》／日本江户时代的儒学者细井徇撰绘／原本现藏于日本国立国会图书馆

莎鸡，即纺织娘，别名络纬、络丝娘、纺线娘等。雌虫产卵于植物嫩枝上，常造成枝梢枯死。一年发生一代，以卵越冬。常栖于草丛、灌丛或瓜藤枝叶上，植食性，嗜食瓜类花朵、瓜穰，也吃桑、柿、核桃、杨等树木的叶，有一定的危害性。成虫于夏秋间发现，白天静伏，至夜则鸣，鸣声似旧时纺车转动的『扎织——扎织——』声，故得名纺织娘。常被作鸣虫玩养。

《豳风·东山》

我徂东山，慆慆不归。我来自东，零雨其濛。果蠃之实，亦施于宇。伊威在室，蠨蛸在户。町畽鹿场，熠耀宵行。不可畏也，伊可怀也。

《集传》：『宵行，虫名，如蚕，夜行，喉下有光如萤也。』

《本草纲目》：『《豳风》：熠燿宵行。宵行乃虫名，熠燿其光也。萤有三种：一种小而宵飞，腹下光明，乃茅根所化也……一种长如蛆蠋，尾后有光，无翼不飞，乃竹根所化也；一名蠲，俗名萤蛆……其名宵行，茅竹之根，夜视有光，复感湿热之气，遂变化成形尔。』

宵行

宵行，又称磷、夜光、救火、宵烛等，即萤火虫，是昆虫纲萤科昆虫的通称。尾节有发光器，能发黄绿色光。发光机理是在呼吸时其体内荧光素发生氧化作用所致，光是此过程中所释放的能量。发光有沟通、警示和引诱异性的作用。成虫生活在水边或湿润环境的草丛中，昼伏夜出。肉食性，捕食蜗牛、蚯蚓等动物，体外消化。由于其光为冷光源，加上不会产生磁场，可用于清除水雷等水下作业的照明。

《小雅·小宛》

中原有菽，庶民采之。
螟蛉有子，蜾蠃负之。
教诲尔子，式穀似之。

《毛传》：『蜾蠃，蒲卢也。』
《郑笺》：『蒲卢取桑虫之子，负持而去，煦妪养之，以成其子。』
《陆疏》：『蜾蠃，土蜂也，一名蒲卢。似蜂而小腰，故许慎云：细腰也。取桑虫负之于木空中，或书简笔筒中，七日而化为其子。』

蜾蠃

蜾蠃，又称蒲卢、土蜂、细腰蜂等，蜾蠃科及近似昆虫的泛称。我国广泛分布的有北方蜾蠃和中华唇蜾蠃。北方蜾蠃，体似胡蜂。成虫平时无巢，雌雄分别自由生活；交配后衔泥土掺和口中黏液，于树的枝干、石上、地面及墙壁等处筑壶状或近球状窠巢，或利用空竹管作巢。外出捕捉鳞翅目幼虫（如螟蛉）或蜘蛛等，备其幼虫孵化后食用。古人曾误以为其衔回幼虫是作收养，因而把收养的义子称为『螟蛉之子』。

《小雅·何人斯》

为鬼为蜮，则不可得。
有靦面目，视人罔极。
作此好歌，以极反侧。

《**毛传**》：『蜮，短狐也。』

《**正义**》引《**陆疏**》：『一名射影，江淮水皆有之。人在岸上，影见水中，投人影则杀之，故曰射影。南人将入水，先以瓦石投水中，令水浊，然后入。或曰含沙射人皮肌，其疮如疥。』

《**释文**》：『状如鳖，三足，一名射工，俗呼之水弩，在水中含沙射人，一云射人影。』

蜮

蜮，又名短狐、射工、射影、抱抢、含沙等，传说中一种可在水中含细沙射人、使人皮肤生病并可致命的动物。李时珍言其为溪鬼虫，现实中未见。

《小雅·都人士》

彼都人士，垂带而厉。
彼君子女，卷发如虿。
我不见兮，言从之迈。

《郑笺》：『虿，螫虫也。尾末揵然，似妇人发末曲上卷然。』
《陆疏》：『虿，一名杜伯。河内谓之蚊，幽州谓之蝎。』
《本草纲目》：『许慎云：蝎，虿尾虫也。长尾为虿，短尾为蝎。葛洪云：蝎前为螫，后为虿。古语云：蜂、虿垂芒，其毒在尾。蝎形如水黾，八足而长尾，有节色青。』

虿

虿，即蝎。又称杜白、主簿虫等。大多生活于片状岩杂以泥土的山坡、植被稀疏的地方，穴居。喜潮怕湿，喜暗惧光。好静不好动，有识窝和认群习性。昼伏夜出。视觉迟钝。蝎子在野外生长一年中可分为生长期、填充期、休眠期和复苏期。冬眠期为半年。蝎是最古老的陆生节肢动物。全蝎入药，有祛风止痉、通络解毒的功效。

馬

旨苕

鸢

兔

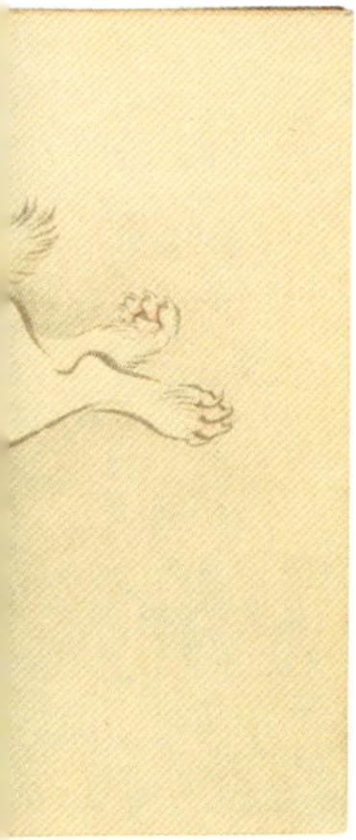

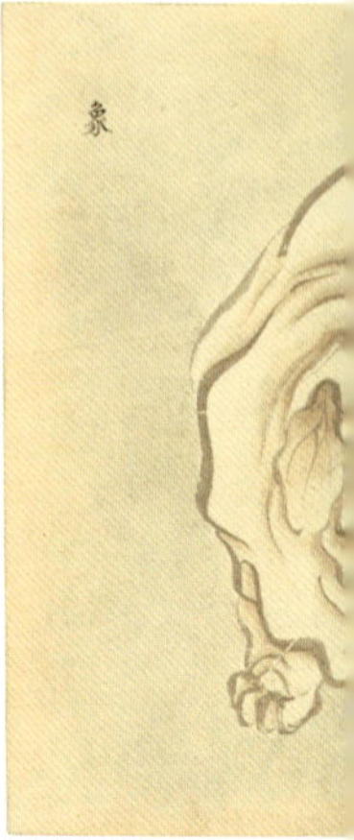
象

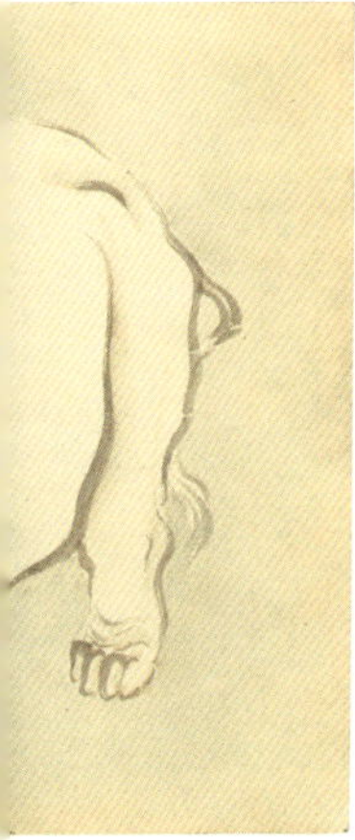

蟋蟀

貝

珠

蠶

阜螽

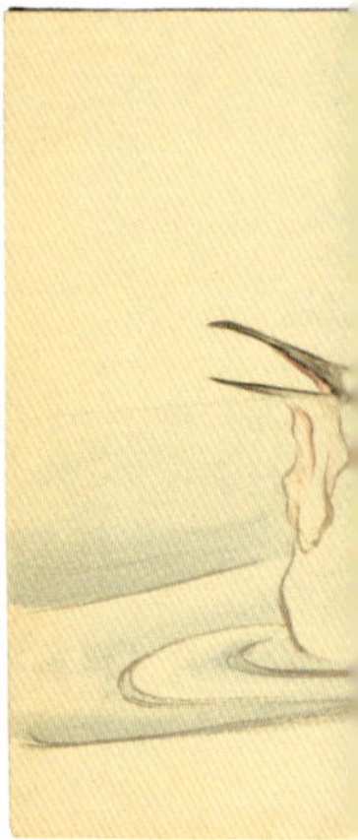

鹅

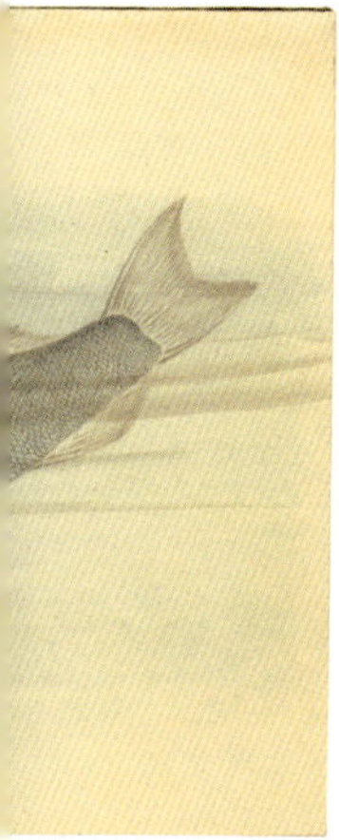

图书在版编目（CIP）数据
美了千年，却被淡忘：诗经名物图解 /（日）细井徇绘图. -- 北京：中国画报出版社, 2016.8（2024.6重印）
ISBN 978-7-5146-1320-9
Ⅰ.①美… Ⅱ.①细… Ⅲ.①中华文化—通俗读物②动物—中国—古代—图集③植物—中国—古代—图集
Ⅳ.①K203-49②Q95-64③Q94-64
中国版本图书馆CIP数据核字(2016)第141798号

美了千年，却被淡忘：诗经名物图解

[日] 细井徇 绘

出 版 人：于九涛
策划编辑：张文杰
责任编辑：田朝然
装帧设计：视觉共振设计工作室
责任印制：焦　洋
出版发行：中国画报出版社
（中国北京市海淀区车公庄西路33号
邮编：100048）
开　　本：32 开（787mm×1092mm）
印　　张：8
字　　数：100千字
版　　次：2016年8月第1版　2024年6月第21次印刷
印　　刷：北京汇瑞嘉合文化发展有限公司
定　　价：60.00元
总编室兼传真：010-88417359
版权部：010-88417359
发行部：010-88417418 010-68414683（传真）